# Klopstocks

# sämmtliche Werke.

---

Siebenter Band.

---

Leipzig.
G. J. Göschen'sche Verlagshandlung.
1855.

Buchdruckerei der J. G. Cotta'schen Buchhandlung in Stuttgart und Augsburg.

# Dramatische Werke.

Zweiter Band.

# Inhalt.

# Salomo.

Ein Trauerspiel.

## Personen.

Salomo, Chalkol, Heman, Darda, Sarja, — Salomos Freunde.

Nathan, der Prophet.

Korah, der oberste Priester Molochs.

Zepho, ein junger Priester desselben.

Noch zwei andere Priester des Moloch.

Zwei Männer aus dem Volke.

Ein Chor Sänger.

Semira, die jüngste Königin.

Zwei Mütter mit ihren beiden Söhnen.

Ein Chor Sängerinnen.

Moloch, Chamos, — die für Einsiedler Molochs gehalten werden.

Der Schauplatz ist ein großer Saal im Hause Salomos. Das Haus ist nah' am Tempel.

# Vorrede.

Es ist Einigen vielleicht nicht gleichgültig, zu wissen, daß sowohl der Tod Adams als dieses Trauerspiel, eine blos zufällige Folge von Betrachtungen sind, denen ich mich über die Situation unsers Stammvaters und Salomos nicht selten überlassen habe. Ich weiß wohl, daß ich, indem ich dieses sage, die Forderung meiner Leser, viel Wahrheit in diesen Stücken zu finden, für sehr gegründet erkläre. Ich habe auch nichts gegen diese Forderung; gleichwohl will ich dadurch gar nicht sagen, daß sie hier nicht viele Wahrheiten vergebens suchen werden, die sie, in einer Abhandlung über Salomos Zustand, gefunden hätten. Ohne also jetzt die überflüssige Anmerkung von dem großen Unterschiede einer Abhandlung und einer Tragödie zu machen; so kann ich doch die nicht ganz weglassen, daß der Antheil, den Salomos Verstand an seinem Falle hatte, mit vorkommen mußte, und daß es vielleicht die Hauptschwierigkeit des Stücks war, ihn so zu berühren, als es die Gesetze des Trauerspiels erlauben.

Wenn ich Leser oder Zuschauer habe, die beim Empfinden auch denken mögen; so behaupte ich, eine Materie gewählt zu haben, die an Tragischem alle, die bisher berühmt geworden sind, übertrifft. Ich kann hiervon nichts weiter sagen, ohne zugleich von meiner Ausführung dieser Materie zu reden, und es wird mir immer schwer bleiben, mich hierzu bei irgend einer meiner Arbeiten zu entschließen. Unterdeß muß ich von dem Sylbenmaße, das ich andern vorgezogen habe, ein paar Worte sagen.

Fünffüßige Verse wechseln mit sechsfüßigen ab, doch so, daß jene die herrschenden bleiben. Den jambischen Vers unterbricht bisweilen ein trochäischer, derjenige, den die Alten Hendecasyllabus nannten. Der Anapäst nimmt die Stelle des Jambus da ein, wo es die nothwendige Abwechselung oder der Inhalt zu erfordern schien. Und aus eben diesen Ursachen wird der Vers manchmal durch den Jonikus, den dritten Päon, oder auch durch den Pyrrhichius geschlossen. Ich hätte mir vielleicht mehr Abwechselung erlauben dürfen; allein ich habe es diesem Stücke angemessner gefunden, mich auf die angeführte Weise einzuschränken.

# Erste Handlung.

## Personen.

| | |
|---|---|
| Chalkol. | Salomo. |
| Darda. | Sarja. |

## Erster Auftritt.

### Chalkol. Darda.

Chalkol.

Um Mitternacht ließ er uns zu sich rufen,
Und nun bricht fast der trübe Tag schon an,
Ein neuer trüber Tag, für ihn und uns;
Und doch verweilt er noch, zu uns zu kommen?

Darda.

So gönn' ihm denn die Ruh, wenn Ruh vielleicht
Sich über ihn in kurzem Schlaf ergießt.

Chalkol.

Die gönn' ich ihm, doch mir auch gönn' ich Ruh,
Die, weg von ihm, weit weg von ihm zu seyn!

Du weißt: ich bin zu stolz, vielleicht zu edel —
Nenn's, wie du willst — das zu verhehlen,
Was nur im Herzen ist. Ich liebt' ihn sonst;
Wie liebt' ich ihn! jetzt lieb' ich ihn nicht mehr!
Sonst war er Freund; jetzt ist er nichts, als König!
Und, wenn nicht König, nur ein trüber Zweifler,
Der mich und dich mit seinem Grübeln quält.
Weiß er denn nicht, daß, seit aus schwarzen Locken
Dieß Haar zu Silber ward, mir seine Krone,
Sein Cedernhaus, und alles, was er hat,
Dem Staube gleicht, auf den der Wandrer tritt?
Ja, er war Freund, ich auch. So liebt' ich ihn;
Jetzt lieb' ich ihn nicht mehr!

Darda.

Ich aber noch!
Des Mitleids heiliges Gefühl mischt sich
Bei mir ins heilige Gefühl der Freundschaft.
Bist du nur Dessen Freund, der glücklich ist?
Nicht Deß, den Elend stürzt und auch entschuldigt?
Ist er nicht elend?

Chalkol.

Ach, wär' er nur elend;
So wär ich mehr, als je, sein Freund, als du!
Verläugnet er nicht Gott und dient den Götzen?
Ist das auch Elend?

Darda.

Ach, viel größer ist's,
Viel mitleidswürdiger, als alles Andre!
Bei Dem, der lebt, und den ich nicht verläugne,
Bleib' ich gleich standhaft des Verläugners Freund;
Ich laß ihn eher nicht, als bis dieß Auge,

Vielleicht voll Dank, daß er gerettet ist,
Sich in der Nacht des dunkeln Thales schließt.
Ich laß' ihn dann auch nicht; denn ewig ist
Die Freundschaft, ist hier nur in ihrer Kindheit.

Chalkol.

Sein Freund in jener Welt? Mach dich von ihm
In dieser los. Er wird dich dort nicht sehn.
Du bleibst hier unserm Gott getreu; er nicht!
Du wirst ihn dort nicht sehn!

Darda.

Ach, stürze mich
In diesen schwarzen, fürchterlichen Abgrund
Von Neuem nicht. Den schreckenden Gedanken,
Der, Nacht auf Nacht, mir häufet Tod auf Tod,
Mag ich nicht denken!

Chalkol.

Viel zu sanft bist du,
Zu voll von Mitleid gegen ihn. Wer ists,
Den er verließ? Ist es denn nicht Gott?

Darda.

Zu sanft?
Zu mitleidsvoll? Ich bin's auch gegen mich!

Chalkol.

Was meinest du? o sag': Was meint mein theurer,
Mein alter Freund? Wärs möglich? Nein, unmöglich
Ist das!

Darda.

Was hieltst du für unmöglich, Chalkol?

Chalkol.

Daß du aus seinem Taumelkelch getrunken!
Er dich mit fortgerissen, so wie er,

Geblendet dich, getäuscht, betäubt, von Gott,
Wie er, zu denken!

Darda.

Ach, mein theurer Freund!

Chalkol.

Du machst mich starr! Bist du, wie er, geworden?
Gott Davids! so wie Salomo ist Darda!
Schweig, Darda! überlaß mich ganz dem Tode
Des schrecklichen Gedankens, ja, ihm ganz,
Der Mord mir im Gebein ist!

Darda.

Höre mich,
Und dann fahr' fort. Ich bin . .

Chalkol.

Nein, überlaß
Mich mir. Was ist das Neue, das ich nie
Noch empfand, das flammende Gefühl in mir?
Ich hasse! ja Das ists, was in mir glüht,
Ich hasse Salomo! das erste Mal
In meinem Leben, einen Freund! ich haſſ' ihn!
Vom Himmel hat er dich gestürzt! zerschmettert!
Vernichtet!

Darda.

Hat er nicht, erschüttert nur.
Schutzengel seyd ihr mir gewesen! habt,
Mein Chalkol, du, und Heman, mich gehalten.
Ich denke nicht, wie er, von Gott! Ich fluche
Dem ehrnen Götzen! fluche jedem Hain,
Worin es Moloch dampft und sterbend wimmert
In seinen Armen.

Chalkol.

Preis sey unserm Gott,
Daß du mein Darda bist!

Darda.

Du kennest mich.
Von Mitleid und von Wehmuth leicht durchdrungen,
Und biegsam gegen Andrer Meinung, nehm' ich
Zu vielen Theil vielleicht an eines Freundes
Gedanken und Entschluß. So hat er mich
Nicht hingestürzt; er hat mich nur erschüttert.
Den Götzen wankt' ich niemals zu; ich fing
Nur an, wenn mir der Wege Gottes einer
Noch wunderbarer, als die andern, war,
Nach seinem letzten Ziel hinaufzusteigen.
Und, wenn ich's dann nicht fand, verachtet' ich
Das menschliche Geschlecht und mich. Zuletzt
Entdeckt' ich, daß ich unzufrieden selbst mit Gott
Geworden war, daß er, zu Menschen nur,
Und nicht zu Engeln uns erschaffen hätte!
Da kehrt' ich schnell zurück. Gott sey gepriesen,
Der mich erhielt und ihn vielleicht noch rettet!

Chalkol.

Gott kann Das, wenn er will. Doch, wird er wollen?
Ergriff ihn Gott, ihn loszureißen; er
Entrönne, von ihm sich wegarbeitend, Gott!

Darda.

Du sprichst sein Urtheil streng.

Chalkol.

Mein Wunsch und Urtheil
Sind sehr verschieden.

Darda.

Du hoffst also gar nicht,
Er werde wiederkehren?

Chalkol.

Wiederkehren?
Der heute noch dem Moloch opfert! er?

Darda.

Erinnre dich, da sie das letzte Mal
Das Fest begingen, war er sehr vertieft:
Ob dieß Mal auch die Knaben sterben sollten?

Chalkol.

Doch starben sie. Er opfert'!

Darda.

Seit der Feier
Seh' ich ihn stets nachdenkender, vertiefter
Und unruhvoller. Hoffst du denn allein
Von diesem Allem nichts?

Chalkol.

Allein? Von Dan
Bis Berseba hofft Keiner. Du, sein edler,
Zu sanfter Freund, hoffst nur!

Darda.

Sie seh'n ihn nicht,
Und hören ihn nicht reden; können sie
Ein Urtheil fällen?

Chalkol.

Seh' ich ihn nicht stets,
Und hör' ihn reden?

Darda.

Hast du nicht entdeckt,
Daß er jetzt sich weniger, als vormals täuscht?

Chalkol.

Nicht weniger, nur anders täuscht er sich.
Er treibt in seinen dürren Wüsten um,
Und gräbt sich Brunnen, die kein Wasser geben.
Denn den lebenden Quell hat er verlassen.

Darda.

Du kennst mich, Chalkol. Ich bin gar kein Hoffer.
Ich hoffe nichts von ihm, ich hoffe zu Gott:
Er werd' ihn retten.

Chalkol.

Finster ist vor mir
Die Nacht, des schreckenden Gedankens Nacht:
Gott wird ihn nun nicht retten. Denn zu lang
Empört' er sich. Laß Salems Mauern stürzen!
Vom Eckstein rauchend Blut des todten Säuglings,
Und aus den Thoren und des Tempels Hallen
Herunter triefen! Dieses Grauens Anblick
Ertrüg' ich eh', als daß er Israel,
Dieß große Volk des Herrn zum Moloch führt,
Und unsre Kinder diesem Götzen opfert.

Darda.

Verschwind', o Bild von diesen Opfern! Lang
Erwarten wir ihn schon; noch säumt er immer.

Chalkol.

Heut' ist mein letzter Tag mit ihm. Noch ein Mal
Will ich ihm sagen, was ich von ihm denke,
Damit ich ganz am Blut unschuldig sey,
Das er vergeußt, unschuldig an den Seelen,
Die er von Gott verführt. Dann will ich wieder
Zu meiner Hütt' hinab ins Palmthal ziehn,
Und mir mein Grab bereiten. Denn wie lange

Kann noch ein Leben dauern, dessen Los war,
Zu sehn, daß Salomo, der Stern vom Himmel
Hinab bis in des Moloch Abgrund fiel?

Darda.

Laß deinen Sohn für dich ein Grab bereiten,
Und bleib. Denn Alles mußt du thun, was du
Zu thun vermagst. Und wenn dann mitten drinn
Dir's Gott gebeut, dann erst hör' auf und stirb!

Chalkol.

Was ich bei Salomo zu thun vermag,
Das Alles kann ich heute ganz vollenden.

Darda.

Du willst ihn ganz verlassen? ich allein
Soll bei ihm übrig bleiben? Denn dem Tode
Naht Heman sich.

Chalkol.

Der Glückliche! nun wallt
Er hinab, und hört, wenn sie auf Moloch glühn,
Jetzt Ungebor'ner Todesstimme nicht!

---

## Zweiter Auftritt.

**Die Vorigen. Salomo.**

Salomo.

Ist Heman nicht bei euch?

Darda.

Er liegt zu sterben.

Salomo.

Schon oft schien er dem Tode nah, doch rief ihn
Das Leben stets zurück. Er wird nicht sterben;
Vielleicht sterb' ich vor ihm. Zu leben ist
Viel bitt'rer, als der Tod.

Chalkol.

Das Leben jenseit
Des Grabs kann bitt'rer seyn, als je der Tod
Dem, der ihn fürchtet, war.

Salomo.

Hinüber, Chalkol!
So weit hin sieht mein Blick nicht. Dieses Leben
Ist reich genug an Qual, des Denkens Kreis
Ganz auszufüllen, reich, verzeihenswerth
Den Fluch zu machen, der die Stunde der Geburt
Verflucht!

Chalkol.

Oft däuchtet uns verzeihungswerth,
Was Gott doch nicht verzeiht. Sind Thaten erst
Gegraben in des Richters ehrne Tafeln,
Als Sünde: so verlöscht sie nur die Rache,
Wenn sie des Herrn Geheiß nun ganz gethan hat.

Salomo.

Du weißt also, der Hocherhabne strafe?
Wenn nun die Geister unter ihm es thäten?
Weißt du: ob sie gerecht sind? Doch wer kann
Es auch hier unter dieser Sonne wissen,
Die Nacht es werden läßt, wie in der Seele
Bald Nacht ist und bald Tag?

Chalkol.

Dieß solls entscheiden,
Daß Dessen Wahrheit, der sich offenbarte,
Nicht mehr die Wahrheit sey?

Salomo.

Mit dir zu streiten,
Ist nicht mein Wille. Glaube, was du kannst!
Und laß mich glauben, was ich kann! Doch mache,
Wofern du Das vermagst, mich minder elend!

Chalkol.

Des Elends erster Quell ist im Verstande.
Der fließt herab ins Herz. Das überströmt
Von Handlungen, von bösen oder guten,
Nachdem der Urquell trüb ist, oder hell!
Wie kann ich, willst du dich nicht überzeugen
Durch Wahrheit lassen, denn dein Elend mindern?

Salomo.

Im Herzen ist des Elends Ursprung. Spielt
Nicht das Herz mit diesem folgsamen Verstande?

Chalkol.

Wofern mit ihm das deine spielt, so fordre
Von mir nicht Hülfe.

Salomo.

Selber meine Freunde
Vermögen's nicht. Auch Dieß ist bittres Elend!
Ein Rauch, dem Feind ein süßer Opferdampf,
Mag dieses Haus verfliegen! meine Kinder
Zerschmettert werden an den hohen Mauern
Jerusalems; ich will es leichter tragen,
Als was mir unter deiner Flügel Schatten,
O Friede, dieß mein Herz verzehrt, das Leben

Zum Tode macht, und kaum des Müden Zuflucht,
Den Tod, noch bleiben läßt! Sie ist dahin
Die Herrlichkeit, die mir gegeben ward!
Dahin ist meine Weisheit, sammt der Ruh',
Die sie mir gab! Wenn du es bist, o Moloch,
Vor allen andern Geistern, Moloch, du,
Der mir Dieß alles nahm; womit erzürnt' ich dich?
Und hab' ich dich erzürnt; so laß doch endlich,
Durchs Blut so vieler Knaben dich versöhnen!

Chalkol.

Warum erwähltest du den schrecklichsten
Der Götzen? ihn, den nur das Blut der Menschen
Versöhnt? Antworte mir's! Ich fragt' es dich
Schon oft.

Salomo.

Ich wählt' ihn nicht allein; und dann,
Ist er nicht aller Untergötter König?
Und da er's ist, muß ich ihm denn nicht opfern,
Wie's allen Völkern sein Gesetz gebeut?
Und über Das, was ist der Knaben Blut?
Stirbt der zu früh, der nicht unsterblich ist?
Wir armer Staub, zu spät, wir sterben oft
Zu spat, und nie zu früh.

Chalkol.

Ich schweige; du weißt es,
Ich schwieg davon, o Salomo, nicht stets.
Daß dich, dich selber, der so groß durch Weisheit war,
Zum Götzenraucherer dich Weiber machen konnten!
Gewiß! du warest auch zu stolz auf deine Weisheit!
Sonst hätte sie ihr großer Geber dir
Nicht genommen! und du warst, bis zum Moloch,

So tief nicht, Salomo, herabgefallen!
Und nicht, ach tiefer noch! bis zu der schrecklichen
Entschuldigung des Bluts, das du vergoßest
Und noch vergießen willst! Ich schone dein,
Und will dir nicht beschreiben, wer du warst,
Als du um Weisheit batest, und, ohne Stolz,
Sie hattest. Zwar bin ich, du kennest mich als redlich,
Dein Freund nicht mehr; doch will ich diesen Dolch
Dir in dein Herz nicht stoßen.

Salomo.

Einen stießest
Du tief ins Herz mir, den: Ich bin dein Freund
Nicht mehr! So will es denn mein finster Schicksal,
Mit Eisen ward's in Felsen eingegraben:
Ach, meine Freunde soll ich auch verlieren!
Mein Sarja reist' hinab nach Ophir, kam nicht wieder!
Schon schlummert Ethan. Heman will ihm folgen!
Und du, verlassen willst du, Chalkol, mich!
Du auch, mein Darda?

Darda.

Ich? Wie könnt' ich Das?

Salomo.

Verlaß, verlaß mich auch, damit mein Elend
Vollkommen sey! damit ich, statt zu weinen,
Verstummen müsse!

## Dritter Auftritt.

### Chalkol. Darda.

Darda.

Wie war deinem Herzen
Das möglich?

Chalkol.

Meinst du denn, daß mir mein Herz
Nicht blutete? Doch wollt' ich redlich handeln;
So mußt' ich ihm es sagen. Tief gefallen,
Sehr tief, ist Salomo! Ach, Gott verläßt ihn;
Er achtets nicht! Ein Sterblicher verläßt ihn,
Ein Staub, wie er; nur das kann ihn erschüttern!

Darda.

Ich kenne dich darin nicht, Chalkol, daß du nichts
Von sanfter Schonung mehr zu wissen scheinst.

Chalkol.

Du willst, daß deinen Freund, deß Herz zu groß,
Das heißt zu menschlich war, durch Krieg zu schimmern.
Durch schonende Gelindigkeit zum Kinde
Ich machen, und das Kind verachten soll.

Darda.

Ach Mitleid, Mitleid, Chalkol! weißt du denn,
Ob unser Gott mit ihm nicht Mitleid habe?
Drum hab' es auch! Wer heilt die tiefe Wunde,
Durch die ihm seine ganze Seele blutet,
Wenn wirs nicht thun? Siehst du den Müden dort,
Der durch die Cederngänge wanket? Mühsam
Geht er einher, von schwerem Gram belastet.

Chalkol.

Ich kenn' ihn nicht.

Darda.

Wenn er nur Hemans Tod
Uns nicht verkündigt! Sieh, er steigt herauf
Zu uns. Wer er auch sey; was Trauriges
Wird er verkündigen. Denn nichts, als Elend,
Erwart' ich heut.

---

## Vierter Auftritt.

### Die Vorigen. Sarja.

Sarja.

Seyd mir gegrüßt, ihr Männer.
Mehr Freude sey mit euch, als mit mir war!
Lebt Salomo? ach, wie entsetz' ich mich! ich eilt'
Und forschte nicht; denn auf des Oelbergs Höhn
Bereiten sie dem Götzen Moloch Opfer.
Der Tag brach eben an und schien auf Moloch her.
Wer herrscht in Juda jetzt? Ich komm' aus Ophir.
Ach, lebt mein Vater noch? Ich zitterte
Zu fragen, hab' auch Keinen noch gefragt;
Daß Nathans Tod mir Keiner sagen könnte!
Nun halt' ich's nicht mehr aus. Lebt Nathan noch?

Darda.

Dein Vater lebt!

Chalkol.

O Fremdling, bist du Sarja?

Sarja.

Das sey dem Herrn gedankt! Mein Vater lebt!
Nun will ich's gern, was ich — ja, ich bin Sarja —
Was ich in Ophir litt, und an dem Nilus,

Vergessen will ich's gern; denn Nathan lebt!
Wer aber herrschet jetzt? Rehabeam?
Und Der fiel ab von Gott? Ihr schweigt. Wer seyd ihr?
Doch Ammoriter nicht? Ach, Salomo
Mein Freund, ist schon zu David hingegangen,
Zu David und zu Gott!

Chalkol.

Dahin wird er
Nicht gehn. Er ist's, er ist's, der Moloch opfert!

Sarja.

Ist hier kein Ruhesitz? Ihr seht, mich hält
Mein Stab nicht mehr! . . (Er setzt sich nieder) Die Sonne
ging schon auf;
Doch ist es so dunkel hier? Doch, als ich kam,
War's ja auch hier schon Tag. Du Gott der Götter,
O stärke mich, damit ich Nathan sehe!
Der Götter Gott, und auch des Thiers voll Blut,
Das Moloch heißt. Zu lang hast du gelebt,
Mein theurer Vater! Wo ist Salomo?

Darda.

Nicht fern von uns in seiner Sommerlaube.
Er ging durch diese Thür. Wir sind gewöhnt,
Daß er bald zu uns kömmt, bald wieder geht.

Sarja (indem er aufsteht)

Ich war sein Freund! Wer leitet mich hinab
Zu meinem Vater? denn von Freud' und Schmerz
Bin ich ermattet.

Darda.

Nathan muß vorher
Erfahren, daß sein Sohn gekommen ist,
Damit ihn nicht die schnelle Freude tödte.

Sarja.

Sie wird so schnell nicht seyn. Der trübe Blick
Des Greises wird sogleich den Sohn nicht kennen.

Darda.

Doch deine Stimme kennt er. Wiedersehn
Wird er in jener Welt dich, hier nicht mehr.

Sarja.

So ist er blind? Das war doch stets das Los
Der armen Sterblichen, daß Bitterkeit
Sich selbst in ihre besten Freuden mischte.
Und oft, ach oft ist mir dieß Los gefallen.

Chalkol.

Ich gehe mit hinab zu deinem Vater.
Komm, Sarja.

Darda.

Aber wenn nun Salomo
Zurückkömmt, mich allein, nicht Sarja findet?

Chalkol.

So sag' ihm, Sarja sey zuerst zu ihm
Gekommen, hab' es drauf gehört! . . und sey
Gegangen, daß er seinen Vater sehe.

---

## Fünfter Auftritt.

Darda.

Auch dieser Freund verläßt ihn! Salomo,
Mein Freund, wie mannigfalt sind deine Leiden,
Wie bitter sind sie! Ach, du riefest sie
Zu dir herab von Gott! Nun sind sie da!
O welche Zeit war die, da Feu'r vom Himmel

Die Opfer zündete, die er dem Herrn
Im neuen, nun geweihten Tempel brachte,
Daß vor der Herrlichkeit des Herrn die Priester
Nicht vermochten zu stehn. Sie sind vorüber,
Der Tugend und der Weisheit heitre Tage,
Und Todesnächte sind auf sie gefolgt!

---

## Sechster Auftritt.

Salomo. Darda.

Salomo.

Du bist allein, o du vor allen Andern
Mir Uebriger? Ach, wenn in meine Seele
Noch Freude käme, nicht ihr Quell in mir
Versiegt wär', Alles nicht in mir in Nacht
Verwandelt; so würd' ich mich freuen können,
Bei dir zu seyn; doch nun . .

Darda.

Ich möchte sprechen,
Und schweigen auch. Entscheide meine Wahl.

Salomo.

Verstumme! nur nicht ganz. Ein Wort verlangt
Dein Freund von dir.

Darda.

Und welches, Salomo?

Salomo.

Ach, wünsche mir den Tod! Du zögerst? Sprich
Es feierlich aus, dieß Wort. Verwünsche mich

Dem Tode! Dich erhört vielleicht das Schicksal;
Mich hört es nicht. Denn satt bin ich, zu forschen,
Satt, mühsam in des Denkens Labyrinth
Herum zu kriechen und kein Licht zu finden,
Nichts, das mir Wahrheit sey. Viel ist euch Wahrheit;
Mir nicht! Und daß du mein Vertraun zu dir
Ganz kennest, ganz erfährst, wie unglückselig
Ich bin; so höre den trübsten aller Zweifel,
Der, wie ein Wetter, mich verfolgt, an alle Felsen
Der Oed', in der ich irre, mich hinschmettert
Und sterbend schmachten läßt! Doch hör' ihn nicht,
Wie könnt' ich, hoffnungslos, daß er mir helfe,
Auch meinen Freund in meine Leiden stürzen.

Darda.

Mehr leid' ich, wenn du schweigst, als wenn du redest.
Und dann ist Hülfe zwar mein Mitleid nicht;
Doch ist es Lindrung.

Salomo.

Hör' ihn denn, mein Darda.
Vernehmt ihn auch, ihr Geister, die mit Schwermuth
Mein Herz beflecken, das sonst Freude war.
Schwebt all' umher, seht all' auf mich, ihr Götter,
Auf euer Schauspiel, das ihr elend macht.
Der Gott, den Abraham, den Moses glauben,
Und unser Volk, der ist der gnädigste,
Der weiseste, der mächtigste, der erste
Vor allen Göttern, aller Götter Schöpfer!
Doch ist er viel zu groß, ist viel zu erhaben,
Sich bis zu dieser Welt herabzulassen,
Und Herr des Staubs zu seyn.

Darda.

Hör' auf, ich sinke,
Und mein Gebein erstarrt.

Salomo.

Verwünsche dem Tode mich!
Das thu'; doch fluche deinem Freunde nicht!
Denn was ich sagt', ist mir nicht ganz gewiß;
Doch däucht mich's wahr! Nach langer Nächte Grübeln
Fand ich nichts Anders aus, wenn ich den Guten
Erdulden, und den Bösen glücklich sah!

Darda.

Gott der Götter! verzeih's, wenn ich nicht würdig
Von deiner Weisheit rede. Sind denn einst
Nicht Strafen und nicht Lohn? Ist dieses Leben
Denn nicht des Lebens Kindheit, daß die Seele
Dort ewig lebt? Und dann: der gnädigste,
Der weiseste, der mächtigste, der erste
Vor allen Göttern, aller Götter Schöpfer,
Nennt er sich selber nicht der Menschen Herrn?
Und welches Zeugniß gleicht dem hohen Zeugniß,
Das sich der Gott der Götter selber gibt?

Salomo.

Du schreckest mich! Und ach, wofern ich irre,
So ist's ein tiefer, grauenvoller Abgrund,
Worein ich fiel. Doch höre mich, und fluche
Mir nicht. Wer lehrt dich denn, daß, nach dem Leben,
Das du des Lebens Kindheit nennst, ein anders
Und ewiges sey? Enthüllte Moses dieß?
Auch leugn' ich nicht, daß unsre Väter glaubten,
Der Schöpfer lasse sich herab, ein Herr

Der Welt zu seyn, vor Allen unsers Volks.
Wer lehrte sie's?

Darda.

Der Herrscher lehrte sie's!

Salomo.

So lehrt' er's mich denn auch! Wie konnt' er's Den
Denn jemals lehren, der nunmehr dran zweifelt?

Darda.

War David denn nicht fromm, weil er auch ein Mal
Ein Böser war?

Salomo.

Du überzeugst mich nicht!

Darda.

Versammelt werden unsre Freunde dich
Mehr überzeugen können.

Salomo

Dir nur wollt' ich
Das anvertraun, was meine Seele trübt.
Drum schweig.

Darda.

Viel eher können Einen Viele,
Als Einer Einen leiten.

Salomo.

Eher auch
Verirren. Schweig, und unverletzlich sey
Das heilige Vertraun der Freundschaft dir.

Darda

Ich freute mich, daß du nun endlich wieder
Dich anvertrautest, und nicht mehr verbärgst,
Was dich verwirrt; nun freu' ich mich nicht mehr.

Salomo.

Du hattest Freud', o Darda. Sage mir:
Wie ist es dem Menschen, wenn er Freude hat?

Darda.

Wie dir's gleich seyn wird. Denn dein alter Freund
Kam heut vom fernen Ophir endlich wieder,
Dein Sarja.

Salomo.

Sarja kam? Von Ophir, sagst du?
Kennst du ihn denn? Ich hab' ihn todt gehalten!
Mir kömmt er nicht von Ophirs goldnen Flüssen;
Mir kömmt er aus des Todes Thale wieder!
Aus jener Nacht, aus der sonst Keiner wiederkehrt,
Aus der mein Darda nicht zu mir zurück,
Ich nicht zurück zu meinem Darda komme!
Wo ist er?

Darda.

Sieh, er ging hinab mit Chalkol
Zu seinem Vater.

Salomo.

Schon ist sie dahin,
Die Freude, daß mir Sarja wiederkam!
Sehr kurz warst du, sehr schnell bist du entflohn,
Du Einzige, nach so viel leeren Tagen,
Nicht leer an Schwermuth. Denn er hörte Nathan
Vernahm, wer heut zum Opfer auf dem Oelberg
Drommeten läßt. Bring' ihn herauf zu mir.
Geh, meinen Sarja will ich gleichwohl sehn.

## Siebenter Auftritt.

**Salomo.**

Vom Grabe kam mein Sarja wieder! hinunter
Will Heman gehn! Der Königinnen jüngste
Erscheint nun bald mit ihren Todesopfern,
Den Blumen Israels. Die gehn voran,
Eh' Heman geht! Und sollen sie denn gehn?
Gott hört mich nicht! Und stets noch säum' ich zu sterben?

# Zweite Handlung.

## Personen.

| | |
|---|---|
| Sarja. | Salomo. |
| Chalkol. | Semira. |
| Heman. | Die Sängerinnen. |
| Darda. | Die beiden Mütter. |

## Erster Auftritt.

**Sarja. Chalkol. Darda. Heman.**

Sarja.
Er kömmt noch nicht. So sehr vergaß er mich?

Chalkol.
Er fürchtet dich zu sehn, weil du bei Nathan warst.
Er wird noch länger säumen. Bald begleiten
Die Königinnen zum Altar die Knaben!
Drum gebet eilend Rath: Ob's möglich sey,
Ihn wenigstens von dieses Festes Blute
Zu retten. Wichtig ist's, der Nationen
Geschick zu wägen, wenn in ernster Versammlung

Es Weise thun. Viel wichtiger deucht mich's, des Einen,
Der unser Freund und Judas König ist,
Errettung auszufinden. Voll von Ehrfurcht
Betrachtet' ich euch stets; ehrwürdiger
Seyd ihr mir heute.

Heman.

Mich gebühret nur
Zu hören. Denn ich habe keinen Theil
An dieser Erde mehr. Mein Grab ist mir
Bereitet, und ich ihm.

Chalkol.

Drum laß noch diese That
Dir folgen, Heman: Theil an seiner Rettung
Zu haben! Sie wird dir der Kronen Eine mehr.

Heman.

Sprecht, die ihr lebt, zuerst.

Chalkol.

Was ist dein Rath,
O Sarja?

Sarja.

Kenn' ich ihn, wie er nun ist?
Was kann ich Anders thun, als mich mir selbst
Ganz überlassen, und, mit offner Freiheit,
Von ihm, ihm selber sagen, was ich denke?

Chalkol.

Wohlan, du Redlicher, ich bin dein Freund!
Und Darda?

Darda.

Biegen wir sein Herz nicht, o ihr Freunde;
So ist's umsonst, daß wir mit jedem Lichte
Der Wahrheit ihn umgeben.

Chalkol.

Wer kann Das,

O Darda?

Darda.

Gott nur kann's; ich weiß es wohl.
Drum ist mein Herz auch schwer, denk' ich den Ausgang
Deß, das wir wünschen.

Chalkol.

Steil ist wohl der Weg
Zu ihm hinauf, doch unersteiglich nicht.
So schnell, wie du, will ich zurück nicht sinken.
Du (zu Heman) schweigst, mein theurer Freund, der bald dahin
Nun geht, wo Freunde keine Thränen scheiden,
Wie wir um Salomo vergießen müssen.

Heman.

Wenn auch mein Leib mir nicht die müde Seele
Belastete; so wär der Schmerz um ihn
Doch stark genug, unfähig mich zu machen
Zur Heilung seiner todesvollen Wunde
Was kann ich thun, als Abschied von ihm nehmen?

Chalkol.

Das laßt uns alle thun. Dann geh' ein Jeder
Zu seiner Hütt' hinab, zur stillern Heman.
Doch eh wir's thun, erinnr' ihn Jeder noch,
So stark er kann, an Den, von dem er wich.

Darda.

Verlassen sollt' ich ihn?

Chalkol.

Ja, ihn verlassen!
Vielleicht erschüttert Dieses seines Stolzes
Verstiegne Weisheit.

Darda.

Nein, er ist nicht stolz;
Er irret nur. Verlassen? Das, ihr Freunde,
Das kann ich nicht!

Chalkol.

Um ihn zu retten, nicht?

Darda.

Wer sagt mir, daß ich ihn dadurch errette?

Chalkol.

So bleib denn, Zeuge seines Götzendienstes
Und im Gericht sein ernsterer Verkläger
Zu seyn!

Darda.

Vor bitterm Schmerz möcht' ich verstummen;
Denn ach, du redest wahr!

Heman.

Es ist zu viel
Für mich, und mein schon fast erstarrter Leib
Erliegt. Ich muß von euch, eh' ich ihn sehe,
Mich trennen. Nehmt denn meinen letzten Segen,
Ihr Theuren, von mir an, auch Sarja, du,
Ob ich dich gleich in meinem Leben ein Mal
Nur sah, zum Grabe, weg von dir zu gehn.
Mit euch sey Gott! Ihr müsset's noch erleben,
Dieß Labsal müss' euch einst im Tod erquicken,
Ach, mich erquickt es nicht, daß Salomo
Zu Dem noch wiederkehrt, von dem er wich,
Deß Herrlichkeit er sah auf seines Tempels
Altar' herunterflammen! Wer liebt ihn
Und mich so sehr, daß er mir seine Botschaft
Hinüber bringen will?

Chalkol.

Ich, Heman!

Darda.

Ach wer eilte
Nicht gern zu dir zuerst hinüber und brächte
Dir diese Botschaft?

Heman.

Aber was soll ich
Von ihm zu David sagen, wenn ich komme?
Ihr Alle seyd verstummt. Was soll ich sagen,
Wenn nun sein großer Vater aus dem Glanze,
Der ihn umgibt, zu mir herunterstrahlt,
Und freudig seines Sohnes Namen nennt?

Darda.

Ach, leb', o Heman noch, damit auch du
Des Sohnes Namen vor dem Vater freudig
Aussprechen könnest.

Chalkol.

Meint ihr denn, der Verderber,
Der Siebzigtausend schlug von Berseba bis Dan,
Der stehend zwischen Erd' und Himmel hielt
Ein bloßes Schwert in seiner rechten Hand
Und von Arafna's Tenn' es über Salem
Ausstreckte, habe nicht schon Salomo
Mit Moloch's Namen an des Richters Thron
Genannt?

Darda.

So sage David denn von ihm,
Daß wir für ihn zu Gott um Rettung weinen,

Und fleh' ihn an, daß er mit unsern Thränen
Die heiligen, erhörteren des Himmels
Vermische!

Heman.

Leitet mich (sie führen ihn zu einem Sitze); ich sinke
sonst!
Es dämmert sehr um mich. Gebt mir, ihr Theuren,
Auch einen Segen mit, den: Sanft zu sterben!

Darda.

Ich seh', o Heman, dich mit Ehrfurcht an,
Dich fast Unsterblichen! Wir sollen dich?
Du mußt uns, Heman, segnen!

Chalkol.

Schaut ihn an!
Sein Haupt ist noch nicht grau und doch . . O Salomo!
Sein Gram, sein bittrer Gram um dich, ergriff,
Zwar langsam tödtend, aber dennoch tödtend,
Ein schleichend Feuer, ihm sein Mark und Bein!
Und sieh' er stirbt! Er war dein Freund, der stirbt.
Verstumm' in mir, Verwünschung!

Heman.

Ja verstummen
Laß sie und klag' ihn so nicht an. Ich lege
Mich hin und sterbe, weil ich sterblich bin.
Das ist es Alles,

Chalkol.

Wo ist, du Geliebter,
Dein Grab?

Heman.

Bei Ethan's Grab'.

Chalkol.

Ich trage dir
Die Todesfackel! Laß zu deiner Linken
Mich schlummern.

Darda.

Mit Arabiens Gerüchen
Umwind' ich dir dein Haupt und Herz! Laß mich
Zu deinen Füßen ruhn. Doch segne mich
Eh' du entschläfst.

Heman.

Ich hab' euch schon gesegnet.
Erlebts, wonach ihr . . .

---

## Zweiter Auftritt.

**Die Vorigen. Salomo.**

Salomo.

Sey gegrüßt, o Sarja,
Mein alter Freund.

Sarja.

Mein Herr und König, Gott
Verleih' dir langes Leben.

Salomo.

Langes Leben?
Das werde dir! Ich hielt dich für todt. Du kömmst
Aus Ophir endlich wieder?

Sarja.

Auch vom Nilus.
Viel Menschen sah ich und viel Müh' und Elend

Der Menschen. Satt bin ich, was unter der Sonne
Geschieht, zu sehn. Mich theilten Freud' und Schmerz;
Du und mein Vater! Denn den frommen Greis
Zu sehn, Das hofft ich nicht. Doch wie es war,
So ist's nun auch. Mich theilen Freud' und Schmerz!
Ich kam vom Jordan her. Der Tag brach an,
Nach meiner Wandrung letzten Nacht. Ich sah
Jerusalem, und ach vor ihr, auf ihren Höhn,
Den Chamos und sogar den fürchterlichen Moloch!
Da glaubt' ich, du warst todt! doch, ach du lebst!

Salomo.

Wer machte dich zum Richter meiner Thaten?

Sarja.

Zum Richter nicht, doch zum Erinnerer
Macht mich die Furcht des Herrn und meine Freundschaft.
Du weißt, ich bin ein Mann voll Ernst und Einfalt!
Dazu die eitle Müh' der Menschen, die ich sah,
Hat sie mir kleiner noch als sonst und Gott
Nur groß gemacht!

Salomo.

Am Strome warst du, Sarja.
Was hast du dort gesehn?

Sarja.

Einen König,
Den ich verachten mußte.

Salomo.

Sisack meinst du?
Der herrscht doch noch?

Sarja.

Ja, Der! doch herrscht mit ihm,
Wer keinen Waisen kennt, der Wittwen Sache

Nicht hört und schnell unschuldig Blut vergeußt.
So tritt der Schwelger unter seine Füße
Das göttliche Geschenk, das Gott auf Erden
Den Menschen gab, die Macht, Unzähliger
Glückseligkeit zu seyn! Auch ist bei Sisack
Ein Mann aus Euphrata, dein Feind, der wohnt
In seiner Burg und ist gewaltig im Lande.

Salomo.

Wie heißt dieser Mann?

Sarja.

Jerobeam.

Salomo.

Jerobeam bei Sisack? O, ihr Götter!

Chalkol.

Die nennest du? und dennoch hat ihn Gott
Dahin gesandt, der Gott, der ihm zehn Stämme
Und Rettung gab, als du ihn tödten wolltest.

Sarja.

Erstaunen und Entsetzen überfällt mich! Ihn tödten?
Was sagtet ihr?

Chalkol (zu Salomo).

Darf ich davon mit ihm
Vor deinem strengen Blicke reden?

Salomo.

Fragst du,
Eh du, vor mir, mit einem Freunde sprichst
Von Dingen, die geschah'n?

Chalkol.

So hör' denn, Sarja:
Als Salomo die Höhn errichtet hatte,
Da kam zu ihm der Seher Davids, Gad.

Sarja.

Mein Vater Nathan nicht?

Salomo.

Wär' Der gekommen;
So wärs nicht, wie es ist. Ich kenne Gad
Und den aus Silo nicht genug.

Chalkol.

Du klagst
Des Herrn Propheten jetzt als Täuscher an?
Das thatest du nicht vordem, Das thust du nur,
Seitdem du Molochs Priester kennst. Ich schweige,
Und wiederholen mag ich nicht den Ausspruch
Des Gottes der Götter, den du so entweihst.
O wär' nicht David, nicht Jerusalem,
So würden früher dir die Stämme genommen,
So wäre der Erfüllung Donnerschlage
In stillen Wolken bis zu deinem Tode
Zu schlummern nicht geboten!

Sarja.

Fahr du fort!
Denn ich entweihe nicht den Ausspruch Deß,
Der es sagt und thut, Verheißung sey's, sey's Fluch!

Chalkol.

„Entreißen wird der Herr, so sagte Gad
Zu Salomo, zehn Stamme deinem Reich,
Um Davids willen und Jerusalems,
Nicht dir, doch deinem Sohn!“ Und eben Dieß
Vernahm Jerobeam von dem aus Silo.
Und gleichwohl wollte Den, den Gott mit zwein

Der Worte seines Throns gewaltig schützte,
Den wollte Salomo erwürgen! Entronnen
Ist er und sicher!

Sarja.

Ihn erhöht stets mehr
Aegyptus König. Denn dem ist es Freude,
Daß er ein Krieger ist. Kömmt er nur nicht
Mit Waffen und befleckt die letzten deiner Jahre
Mit Kriegesblute.

Salomo (zu Heman).

Du, mein theurer Freund,
Ermattest sehr.

Heman.

Ich würd' es nicht erleben,
Wenn auch sehr bald der Streiter Ephratas
Vom Strome käm' und deine grauen Haare,
Der du stets friedsam warst, mit Kriegesblut
Entheiligte!

Salomo.

Wenn Blut der Herr beschloß
So säumt nicht, ihr, du Bogen und du Pfeil,
Die mir erkoren sind. Ertöne bald,
Du Bogen! rausch' einher geflügelt, Pfeil!
Und triff!

Chalkol.

Der Rache rufst du? Weckst den Donner,
Der schläft?

Salomo.

Der Rache ruf' ich nicht, doch bin ich
Zu leben satt!

Chalkol.

Ich auch. Denn mir sind alle Freuden
Dahin, seitdem du nicht mehr Gottes bist!

Salomo

Bin ich nicht Gottes mehr, weil unerforschlich
Mir seine Wege sind? Kennt er mich nicht,
Weils mir zu schwer ist, ihn zu kennen? Kann
Ich entfliehn, von ihm beherrscht zu werden, wofern er
So tief sich niederläßt, mich zu beherrschen?

Chalkol.

Er kennt dich, Sarja! (es wird von fern Musik gehört) dieser
Schall verkündigt
Die jüngste Königin. Sie kömmt und zeigt
Die Knaben Salomo, die er dem Moloch
Heut' opfern wird.

Sarja.

Dazu bin ich, so fern her,
Aus unzähligen Gefahren gekommen,
Daß ich dieß säh'? Willst du sie wirklich opfern,
O Salomo?

---

## Dritter Auftritt.

**Die Vorigen. Semira. Zwei verhüllte Mütter mit ihren beiden Söhnen. Ein Chor Sängerinnen.**

Semira.

Sieh da, wie dir die Königinnen
Die Knaben wählten. Der ist seiner Mutter

Erstgeborner! und der ihr Einziger!
Jungfrauen, fangt sein Lied dem Moloch an!

Die Sängerinnen.

Streuet Blumen vor ihm. Blendend und rachevoll
Glüht er! Lilien streut um den Altar herum,
Daß die Knaben durch Blumen
In des Glühenden Arme gehn!

Hallt, Posaunen, umher, daß, wer zu menschlich ist,
Nicht vernehme das Ach derer, die sterblich sind!
Schweigt, Posaunen, daß Stärkre
Hören, was sie im Tode flehn!

Ha! du glühst, du glühst, Moloch. Die Knaben sind
Schon durch Kränze geweiht. Hörst du? der Mütter Schmerz
Seufzt, und ist dir des Jammerns
Deiner Knaben Verkündiger.

Salomo.

Semira, nimm, statt dieser vielgefarbten,
Nur weiße Blumen. Denn unschuldig sind die Knaben

Chalkol (zu Semira)

Nimm breite, starke, dickgeschwollne Blätter,
Die dunkelsten von jenem Todesbaum,
Wie er in Ophir wächst, und dessen Hauch
Fern vergiftet, die nimm und überschatte
Die Knaben ganz damit!

Semira.

Ha! Salomo,
Hat dieser keinen Sohn?

Chalkol (zu Semira).

Mein jüngster ist
In dieser Knaben Alter.

Die eine Mutter (sie fällt vor Salomo nieder).

Herr und König!
Erbarmung! Herr und König! ach, Erbarmung!
Fall nieder, Kind! Er ist mein Einziger!
Und dieser Mann (sie weist auf Chalkol) hat viel!

Die andre Mutter

Fall du nicht nieder,
(sie legt die eine Hand auf seinen Kopf)
Du Todesopfer! Ohn' Erbarmung ist Er!
Ja, ohne Trost und ohne noch Einmal
Eine Mutter zu seyn, so will ich sterben!
Geh du nur hin und stirb, mein Erstgeborner!
Ankläger im Gericht des Gottes der Götter!

Chalkol.

Laß mich zu meiner Hütte fliehn!

Salomo.

Bleib, Chalkol.
Geh, Königin, in meine Sommerlaube.
Ich komme dort zu dir.

---

## Vierter Auftritt.

Salomo. Heman. Chalkol. Darda. Sarja.

Heman.

Ich kann nicht mehr!
Es ist das letztemal, daß ich dich sehe.

Noch nie war ich so müd' und matt zu leben.
Ich schonte dein bisher mit jenem Bilde
Von meines Leibes nahender Verwesung.
Voll Freude dich zu sehn, flammt' ich oft auf,
Ein sterbend Licht, das dennoch bald erlosch.
Das täuscht mit Hoffnung dich: Ich werde noch leben.
O, glaube mir, und laß mich Abschied nehmen!

Salomo.

Du sollst nicht Abschied nehmen!

Heman.

Keinen Abschied?
Nimmt ihn die Stimme nicht, so thuts das Herz!
Mein ganzes Herz, das oft in kalten Schweißen
Beinah schon brach, wenn nun um Mitternacht
Des Todes Schwert mir durch die Seele ging.
Doch, was ich litt, verkürz' ich dir und Euch
Und schweige, gleich dem Grabe, das die Schrecken
Der modernden Verwesung stumm verschließt.
Wie wenig glaubt' ich, ach, zu jener Zeit,
Da unsre Freundschaft anfing, daß ich dich,
Würd' ich vor deinem Tod hinauf versammelt,
Dich, wie du jetzo bist, verlassen würde,
Kaum wagts mein Mund, den Gram ganz auszusprechen:
Ach, wie du jetzo bist, getrennet von Gott!

Salomo.

Dir ist, das glaubst du, nur ein Hauch noch da.
Sey ruhig! kürz' ihn meinetwegen nicht!

Heman.

Wie gerne gäb' ich ihn für dich; allein
Was hülf' es dir? Ach, sey du nicht zu ruhig!
Du weißt, wie zärtlich ich dich immer schonte,

Weil stets dein Wink zu reden mir verbot!
Ich war zu schwach. Soll ichs auch heute seyn?
Soll ich dir keinen Segen hinterlassen?
Dir flehn, daß du . .

Salomo.

Ein Wurm den andern segnen,
Daß er im Staub ein wenig länger krieche?
Verlaß mich!

Heman.

Ja, ich will dich bald verlassen!
Was aber soll ich jenem großen Todten,
Der des künftigen Heils des Herrn gewiß war,
Was soll ich ihm von dir denn sagen?

Salomo.

Rede,
Was du zu reden hast in dieser Welt!
Das Grab ist stumm.

Heman.

Verblende dich denn ganz;
Ich thue doch, was meine Pflicht gebeut.
Wenn nun mein Geist, vom stummen Grabe fern,
Mit dem Jubelgesang der Himmel aufsteigt,
Was soll ich dann von dir den Vätern sagen?
Du schweigst?

Salomo.

Ich schone dein.

Heman.

Du schonest dein!
Und willst des ernsten, himmlischen Gedankens nicht!
Er möchte dich, wenn er zu lebhaft würde,
Auf seiner Wage wägen und zu leicht

Dich finden. Wenn ich nun an dessen Thron,
Der richtet, lieg', und für die Gnade danke,
Durch die auch ich, auch ich gerettet ward,
Und dann vom Throne mir ein Donner ruft,
Und Davids Sohn zugleich mit Moloch nennt! . .

Darda.

Hör' auf! Er ist bis in der Seele Tiefen
Erschüttert! Schon' ihn!

Salomo.

Ja, bewegt bin ich;
Nicht überzeugt!

Heman.

Ich schonte sein zu oft!
Was soll ich deinem Vater sagen?

Salomo.

Sag' ihm,
Geh', sag' ihm . . . ach, ich träume fast wie du!

Heman.

Mein theurer Freund, noch nie war meine Seele
So lebhaft ihres Wachens sich bewußt,
Als jetzt. Je mehr mein Leib daniedersinkt,
Je heller flammt mein Geist empor, je stärker
Empfindet er, daß sein Gefährt nur stirbt,
Nicht er.

Salomo.

Du weißt, ich liebe dich, und gönne
Dir deine Ruhe gern!

Heman.

Könnt' ich dir Ruhe
Von Gott erflehn in meiner Todesstunde!

Salomo.

Sprich mir nicht von erflehn! hört Gott dehn herunter
Auf eines Staubes Gebet, deins? oder meins?

Heman.

Zerrissen, Salomo, und tief verwundet
Ist deine Seele. Kannst du, scharfer Forscher,
Auf Einen Augenblick nur glauben, daß etwas
Dem Ewigen groß, oder klein sey?

Salomo.

Klein ist
Das Kleine, groß das Große, selbst vor dem,
Der Beides machte . . . Doch du kamst, um Abschied
Von mir zu nehmen. Thu's! nur nicht auf immer!
Den nehm' ich nicht. Ich sehe dich noch wieder.

Heman.

Mich wieder? Ja! doch nicht in dieser Welt!
Mein sterblicher, jetzt sterbender Genoß,
Mein Leib wird mir zu schwer! Ich muß nun gehn.
Noch lange lebe denn!

Salomo.

Nicht diesen Abschied;
Sonst flieh' ich dich!

Heman.

Ach, lebe lange noch,
Zu Gott, von dem du wichst, zurückzukehren.
Verlangst du dieß und soll ich dein Verlangen
Dem großen Todten sagen, der dich zeugte?

Salomo.

Bin ich von Gott gewichen? Können wirs?
Was können wir? Führt er uns Arme nicht,

Wie's ihm gefällt? Läßt er uns nicht vielmehr
In Staub uns krümmen, bis wir drin verwesen?

Heman.

Bei dem, der ewig lebt, ach, denk nicht so
Von ihm! Lern, Salomo, des Hohen Höhe!
Und denk nicht klein von Gott! Groß ist der Herr,
Daß er sich aller, die er schuf, erbarme!
Zu dem geh' ich. Was soll ich von dir sagen
An seinem Throne? Daß du wiederkehrst?

Salomo.

Ich wich nicht ab!

Heman.

Du Fels im Meere! du stolze,
Du hohe Stirn! auf ewig deines Wahns!
Das ists, das soll ich dem, der richtet, sagen?

Salomo.

Verlaß mich!

Heman.

Wärs zum letztenmale nicht,
Daß ich dich sehe, würd' ich schnell gehorchen!
Allein ein zweiter noch, (den fürchtet' ich,
Den nicht!) ein trüberer, ein grauenvoller,
Ein blutender, mein ganzes Herze blutet!
Ein Abschied voll Entsetzen ist mir übrig!
Entfernt auch von den schwächsten Hoffnungen
Des Wiedersehns, ein ewiger! Denn, ach!
Du wichst nicht ab! Stein ist dein Herz! dein Auge
Nacht!

Salomo.

Heman auch, der immer sanfte Freund,
Kann Heman so mit seinem Freunde reden?

Heman.

Erinnerung! ein Dolchstoß in mein Herz!
Ein Mord in Mark und Bein, jetzt, da ich Abschied
Auf ewig nahm! Ich war dein Freund! ach, könnt' ichs
Noch seyn! Gott lieb' ich mehr! Ich ehre dich;
Gott bet' ich an! Entscheide du nun selbst:
Ob ich, als einen Freund, den lieben dürfe,
Der Gott verkennt, aus starrem Eigensinn!
Aus Stolz!

Salomo.

Ich bet' ihn tiefer an, als ihr!
Denn mir ist er, die Menschen zu beherrschen
Viel zu erhaben!

Heman.

Will der Herr so tief
Denn angebetet seyn? Hat er es nicht
Uns offenbart! Er sey der Menschen Herr!
Doch dein Verstand nicht irret; nur dein Herz
Empört sich und ist der Wahrheit Hasser!

Salomo.

Dein Leib, der jetzt mehr erdwärts sinket, trübt,
Umnebelt deine Seele. So geschwächt,
Glaubst du, ich sey der Wahrheit Hasser. Heitre
Dich, Heman, auf, und denke nicht zu viel
Hinab ins Grab und seine schwarzen Schrecken.

Heman.

Ich denke mehr hinauf. Denn nicht mein Geist
Verwest.

Salomo.

Hinauf? Wohin denn?

Heman.

Salomo,

An deinen Vater!

Salomo.

Bist du denn so sehr,
So fest gewiß, daß etwas anders noch,
Als zum Gebeine Gebein versammelt werde?

Heman.

Ich bins! Und einst, du seyst es, oder nicht,
Wird doch dein Geist zu andrer Todten Geistern,
Vielleicht zu deiner Väter Seelen kommen;
Entsetzliches Vielleicht! Mit dem soll ich
Nun durch die Nacht der Todesschatten gehn!
Mein Weilen greift zu sehr mich an. Ich sinke
Beinah vor dir. Ich würde, säumt ich länger,
Vor deinen Augen sterben.

Darda.

Komm, du Bester,
Ich bleibe, bis ans dunkle Thal, bei dir.

Heman.

Nun, Sohn des frommen Manns, zu dem ich gehe,
Nun, Salomo, so scheid' ich denn von dir!
Auf ewig?

Darda.

Schweig! Es wird rings um mich Nacht!
Erbarmt euch mein! Ich halte diesen Abschied
Nicht aus! dieß Weggehn nicht, nicht diese Wehmuth!
Die letzten, letzten Blicke nicht! Nein, Heman,
Du Theurer! so will ich nicht Abschied nehmen,
Ich will dich wiedersehn, dich wiedersehn!
Das soll dein Todesblick mir freudig sagen!

Mein Auge dich alsdann hinauf begleiten
Zu Gott!

Salomo.

So ist es denn beschlossen, Heman?
So gilt es denn das fürchterliche Scheiden,
Das ernste, letzte, letzte Lebewohl,
Ach, wessen? Eines Freundes?

Heman.

Ernster ist
Auf Erden nichts, und selber nichts im Himmel,
Als dieser Abschied, als dieß bange letzte
Nicht Lebewohl! das nicht! ach, als dieß letzte
Verstummen!

Darda.

Säume nicht. Du sinkest ja!
Und, ach, zu sichtbar deckt dich Todesblässe!

Salomo.

Bei Gott beschwör' ich euch: Verlaßt mich nicht!

Chalkol.

Bei Gott? Beim Moloch?

## Fünfter Auftritt.

**Salomo. Sarja.**

Salomo.

Ha! zu viel war das!
Der Abschied! Und das andre Dolchwort! Moloch!
Zu viel zum Ueberleben!

## Sechster Auftritt.

**Sarja.**

Engel des Himmels!
Wie trauervoll war das! Was soll ich thun?
Was nicht? Wie sie, ihn auch verlassen? Ihm
Nacheilen? vor ihm niederfallen? flehn,
Daß er, mit Thränen flehn, zu Gott umkehre?
Soll ich hinab zu meiner Hütte gehen,
Und über ihn mit meinem Vater weinen?
Was soll ich thun? Dazu kehrt' ich zurück?
Dazu? Ach, Salomo, mein Freund! mein Freund
Von welcher Höh bist du heruntergestürzt!

# Dritte Handlung.

## Personen.

Salomo.
Chalkol.
Darda.
Zepho.
Die Sänger.
Semira.
Die Sängerinnen.
Die Eine Mutter.

## Erster Auftritt.

Salomo. Chalkol.

Salomo

(indem er mit Chalkol aus der Sommerlaube tritt).

Es ist beschlossen, Chalkol.

Chalkol.

Nicht als Freund,
Als König, hast du mich zu dir gerufen.
Drum mußt' ich kommen. Was beschlossest du?
Der Knaben Leben? oder ihren Tod?
Noch hallt der Berg. Soll ich hinauf gehn, deinen Wink
Verkündigen?

Salomo.

Der Knaben Schicksal laß
Den Göttern. Mich und dich gehn sie nichts an.

Chalkol.

Ihr Blut geht nah dich an, sehr nah!

Salomo.

Es fall'
Ihr Los nun, wie es kann. Ich habe nichts geboten.
Doch wenn mein Schweigen nicht die Königinnen hält;
So sterben sie.

Chalkol.

So rufet gegen dich
Ihr Blut gen Himmel.

Salomo.

Schweig. Was Wichtigers
Beschäftigt meine ganze Seele. Beschlossen,
Beschlossen ist's!

Chalkol.

Und was hast du beschlossen?

Salomo.

Zu sterben!

Chalkol.

Das? sehr laut weckst du der Erfüllung
Verborgnen Donner auf!

Salomo.

Ich geh' hinüber,
Zu sehn, was Wahrheit sey.

Chalkol.

Vielleicht siehst du
Dort keine Wahrheit mehr, allein Gericht
Siehst du gewiß!

Salomo.

Ob dieß auch Wahrheit sey?
Drum geh' ich auch!

Chalkol.

Du könntest hier sie lernen?

Salomo.

Hier, Chalkol? Ehmals wähnt' ichs auch wie du.
Ruf mir Rehabeam.

Chalkol.

Was soll der Jüngling?

Salomo.

Ein kleiner König seyn!

Chalkol.

Klein, oder groß!
Wie Gott sie macht, so müssen alle seyn,
Der König und der Wandrer ohne Hütte!
Und so, so ist es gut!

Salomo.

Allein, wenn Elend,
Von Elend überlastet, auf uns stürzt!
So ist das ein laut Geheiß, Glückseligkeit
In einer andern Welt zu suchen.

Chalkol.

Gott
Gebietet also nicht. Gebietet er;
So sendet er den Tod!

Salomo.

Wie weißt du das?

Chalkol.

Von Sinai.

Salomo.

Hat das der Sinai gesagt?
Er sagt' es nicht. Bring mir Rehabeam.

Chalkol.

Ich könnte gehn, und würd' auf mich dein Blut
Nicht laden, wenn ich dir auch nichts mehr sagte.
Allein ich war dein Freund. Mit meiner Freundschaft,
Und jedem Ernste, der sie heilig macht,
Beschwör' ich dich: Ruf nicht durch einen Selbstmord,
Mit dieser Donnerstimme nicht, der Rache
Des Ewigen!

Salomo.

Das thu' ich nicht. Wir beide
Verwesen einst. Das ist es alles, Chalkol.

Chalkol.

Verwesen oder nicht verwesen, entscheidet
Die große Sache nicht. Dem Herrn gehorchen!
Entscheidet nur. Allein du hörst mich nicht.
So höre denn das Urtheil jenseits des Grabes,
Das deiner wartet! (Er wendet sich von Salomo weg.) Wenn hier einer schwebt
Der Engel Gottes, welcher Mitleid hat;
So zeige bald dein Mitleid, Engel Gottes!
Denn schau, am Abgrund steht er dicht, ganz nah
Am Grabe.

Salomo.

Was erschüttert deine Seele
So ungestüm? Was sagt die bange Stimme,
Die bricht und stirbt? Du fluchtest mir doch nicht?

Chalkol.

Das that ich nicht. Doch hätt' ich dir geflucht,
Was würd' es dich denn kümmern? Dich, der Gottes
Fluch verachtet und ihn, als wär's ein Säuseln,
Das fürchterliche Wetter Gottes vom Ebal,
Als wär's ein sanftes Wehn, vernimmt.

Salomo.

Ich kenne
Nichts Sanftes mehr! Sturm ist mein Herz und Wetter,
Und Todesnacht! Du wirst auch kommen, Stille
Des Todes, wirst, du schreckenvolle Stille!
Auch kommen.

## Zweiter Auftritt.

### Die Vorigen. Darda.

Darda

(zu Salomo, indem er ihm die Hand reicht und ihn küßt).

Da ist Hemans kalte Hand,
Und dieser ist sein Abschiedskuß an dich!

Salomo.

Auch deine Hand ist kalt vom Tod'. Ihr Götter!
So hat er denn den fürchterlichen Schritt
Gethan?

Darda.

Den fürchterlichen? Freudig ist er
Den Flug zu Gott geflogen. Stürben Engel,
Sie stürben so!

Chalkol.

Ich folge dir, mein Heman!

Vergossen ist sein Blut zwar nicht, doch wär's
So früh noch nicht erstarrt: wofern du nicht . .
Ich schweige! Doch wird dir in deiner Todesstunde
Auch deines Freundes Blut, wie ich, verstummen?

Salomo.

Du machst es stets in meiner Seele finstrer!
Laß ab von mir. So komm' ich nicht zu Gott!
Ach, meines Hemans Blut ruft nicht um Rache!
Er war mein Freund und sanfter, als du bist!

Chalkol.

So denkst du noch daran zu Gott zu kommen?
Sey heiliger, durch diese Wiederkunft,
O, unsers frommen Freundes Todestag!

Salomo.

Was sagt' er denn zuletzt von mir?

Darda.

Mir fehlt
Die Kraft, ihm nachzusprechen, wie er sprach,
So sterbend er auch war. Die Segen Gottes,
Die deine Jugend überströmten, fleht' er
Auf dich herab.

Salomo.

Und werden sie auf mich
Herunter kommen? Ach, noch fühl' ich keinen.
Erhöret dieses Sterbenden Gebet
Der Herr nicht, so erhört er keins! Doch sage:
Blieb er denn stets gewiß, er sey unsterblich?

Darda.

Die Augen brachen ihm, er bliebs! Er hörte
Kaum meine Worte mehr und bliebs! Sein Stammeln
Sprach noch von dir und von Unsterblichkeit!

Salomo.

Ein Licht, das schnell noch einmal aufflammt, schnell
Erlöscht. Das ist es Alles. Hat denn etwa
Ihn Gott erhört? Ihr sagt's doch nicht? Du (zu Chalkol)
willst
Zuerst ihm folgen? Ich will zuerst
Dem theuren Heman folgen!

Chalkol.

Sehr bewegt
Warst du, und doch führt dich selbst dieser Todte
Zu Gott nicht! wer kann dich zu ihm nun führen?

Salomo.

Nicht Wehmuth, Strenge nicht, der Tod!

Chalkol.

So hoffst du
Unsterblichkeit?

Salomo.

Ich wünsche sie und will
Sie suchen da, wo sie zu finden ist,
Wenn sie das ist!

Chalkol.

Du findest ganz gewiß
Unsterblichkeit; doch welche schreckenvolle,
Wenn du sie also suchst!

Darda (zu Chalkol)

Will Salomo
Sich selbar tödten?

## Dritter Auftritt.

Die Vorigen. Zepho. Er kömmt sehr eilend.

Zepho.

Siebenmal ist schon
Die Glut im Moloch wieder angeflammt!
Voll Erwartung stehn und bleich die Königinnen!
Fast athemlos erschallen die Posaunen!
Die Mütter liegen bei den Opferknaben
Beinahe todt, und doch will unser Gott,
Daß sie die Knaben sterben sehn und hören.
Und selbst der Weihkranz um der Opfer Haupt
Verwelkt vor Glut, und doch gebeutst du nichts?
Noch säumst du? Sollen denn die Königinnen
Vor ganz Jerusalem voll Scham zurückgehn!

Salomo.

Habt ihr noch nicht geopfert? fleuch!

---

## Vierter Auftritt.

Salomo. Chalkol. Darda.

Salomo (nach einigem Stillschweigen).

Erblickst
Du den Boten, Darda?

Darda.

Ueber Hemans Tod
Ist noch mein Blick von Thränen trüb', ich seh'
Den Boten nicht.

Chalkol.

Ich aber seh' ihn eilen.
Von ihm fliegt Staub zurück, zurück sein Haar.

Salomo.

Eil', eil' ihm nach und bring' ihn her zu mir.

---

## Fünfter Auftritt.

### Salomo. Darda.

Darda.

Des Boten Schritt wird Chalkol nicht erreichen.
Sehr schnell wandt er sich um und hörte kaum,
Was du ihm sagtest, aus. So werden denn
In dem glühenden Arm die Opferknaben
Zerflossen seyn, eh' Chalkols ferne Stimme
Vernommen wird. Du schweigst?

Salomo.

Ach, wär' ich nur
Auf ewig schon verstummt. Es sind nur zwei!
O wärens mehr, so würd' ihr Blut mich schrecken!
So würdest du, Verzweiflung, endlich mich
Ergreifen, ungestüm hinunter mich stürzen!
Denn hinunter ins Thal des Todes will ich!
In seine Tief' hinab.

Darda.

Wer bist du geworden?
Sehr menschlich warst du sonst. Jetzt wünschest du
Mehr Blut noch. Schreit denn dieß nicht laut genug?

Weckt's denn nicht stark genug das schon vergoßne
Aus seinem schlummernden Verstummen auf?

Salomo.

Wohlan, ich will allein und ohne Blut,
Mit kaltem Ernst und nicht von dir, Verzweiflung,
Ergriffen, so will ich hinuntergehn.
Sey ruhig wegen meiner Menschlichkeit!
Aus keines Kindes Wunde soll mehr Blut,
Kein Blut mehr aus der bangen Mutter Auge,
Aus diesen starren Adern soll's nur fließen!

Darda.

Besänftige, Salomo, dein Herz und überdenk
Noch Einmal deinen fürchterlichen Entschluß!

Salomo.

Wen Elend, wie mein Elend ist, umringt,
Der mühet sich umsonst zu überdenken.
Das Elend reißt ihn fort!

Darda.

So wende dich
Zu Gott.

Salomo.

Ach, eisern war für mein Gebet
Sein Himmel.

Darda.

Gott schickt oft zum Leidenden
Erhörung spät herab; doch schickt er sie.
Wie kennen wir der Hülfe Weg, den er
Im Dunkeln wandeln wird?

Salomo.

Hier hilft er nicht.
Er überlaßt die armen Menschen sich selbst.

Dort, wenn ein Dort für uns bereitet ist,
Dort hilft er. Drum laß mich zu Heman gehn!

Darda.

Verzweiflung reißt dich fort! Sie bringt zu Heman nicht.
Drum bleib bei uns.

Salomo.

Um länger zu verwesen?
Dieß auf des Alters Lager zu beginnen?
Zu endigen im Grabe?

Darda.

Dieses ist
Das allgemeine Los der sterblichen Menschen.

Salomo.

Ist minder traurig, weils auf aller Haupt
Ach! auf ein ganz Geschlecht der Schöpfung fiel.

Darda.

Dort in den Sommerlauben um uns sind
Der sanften Harmonien Chöre. Sie warten
Auf dein Geheiß. Sonst konnte deine Seele
Der Sänger heitern, und des sanften Liedes
Begleiterin, die leise goldne Saite.

Salomo.

Macht, was ihr wollt, doch überlaßt mich nur
Mir und meinem Entschluß.

Darda.

Ich seh' es stäuben
Von fern und einen in dem Staube kommen.
Ich kenn' ihn nicht. Doch däucht mich's Chalkol. Langsam
Geht er einher.

Salomo.

Es komme, wer's auch ist,
Schnell oder säumend.

Darda.

Nun erkenn' ich Chalkol.
Er ist's, und traurig zögernd naht er sich:
Die Knaben sind dahin. Ihr armen Mütter!
Nicht jene nur, so die nun Todten gebaren,
Ihr andern auch, ihr Mütter Israels,
Die dieses sahn!

Salomo.

Was sahn?

Darda.

Was Chalkol uns
Bald sagen wird.

Salomo.

Erwart' es, Darda, denn!

Darda.

O müßt' ich's nicht erwarten! Wär' ein Schatten
Von Hoffnung nur, ihr Blut sey nicht geflossen.
Es floß, es floß! Ihr Unglückseligen!
Ihr Mütter! .. Jetzo gekränzt und lebend und blühend!
Todt dann, auf Einmal todt! schnell Staub darauf!

## Sechster Auftritt.

### Die Vorigen. Chalkol.

Darda
(nachdem Chalkol eine Weile stillschweigend stehn geblieben ist).
Hast du uns Nichts zu sagen, Chalkol?

Chalkol.
Nichts!

Darda.
Warst du nicht auf dem Berge?

Chalkol.
Lieblich weht
Auf ihm die Morgenluft.

Darda.
So eiltest du
Der Königinnen Boten denn nicht nach?

Chalkol.
Empor geschwungen müsse dessen Sohn,
Müsse blutig herab an einen Eckstein
Geschmettert werden, und sein alter Vater
Zerquetscht, zermalmt vom ehrnen Wagen der Krieger.
Wer ohne Thränen sehn kann, was ich sah!

Darda.
Schon' unser, Chalkol und erzähle nichts.

Chalkol.
Hier schweigen? hier? der Sohn des Abgrunds kam
Mir schnell zuvor. Und, opfert! rief er hinauf
Zum Altar, opfert! Gleich begannen die Priester
Ihr dumpfes Murmeln; ihren Todtengesang

Posaun' und Cymbel. Auf erhabnen Stufen,
In doppelter Reih', und dicht zusammengedrängt
Bis ganz hinauf zum Moloch, standen sie
Und reichten sich die Knaben, ein Verderber
Dem andern zu. Beim Fuß ergriffen sie die Knaben!
Die weinten laut, und laut erscholl umher
Ein Mitleid, Salomo, das du nicht hattest!
Darauf .. Schnell zischt' und floß vom Glühenden
Ihr schwarzes Blut und Hirn herab. Da verhüllten
Die Mütter alle sich! .. Verhüll' dich auch,
Damit du nicht das fürchterliche Schweben
Der Seelen um dich siehst.

Salomo (nach einigem Stillschweigen).

So sind sie todt?
Sind wirklich todt? .. Du schreckst mich, Blut .. Gehorcht' er dir
Denn nicht? dir nicht?

Chalkol.

Er sah mich hinter sich,
Und zum Gewittersturm ward seine Flucht!
Ich ruft' ihm nach! Allein des Lechzenden
Erstorbne Stimme hört' er nicht, und hätte
Selbst eines Donners Stimme nicht gehört!

Salomo.

So lang' ich opferte, hat mich noch nie
Der Knaben Blut erschreckt. Jetzt däucht michs, ich höre
Ihr Jammern um mich her.

Chalkol. (Er wendet sich weg.)

Schrei laut, o Blut!
Ruf' ihn zurück zu Gott!

Salomo.

Bringt mir die Sänger
Mit ihren Harfen her, daß meiner Seele
Diese Bilder entfliehn, und sich zur Stille
Mein Herz besänftige. (Er setzt sich nieder).

Darda (zu Chalkol leise.)

Die Sänger sind
Versammelt schon durch mich im Hain um uns;
Und Wehmuth hat für ihn ein Lied von mir
Geweint.

---

## Siebenter Auftritt.

Salomo. Chalkol.

Chalkol.

Gott segne dich!

Salomo.

Wird mich der Herr
Erhören, wenn er auch die bessern Menschen
Erhört?

Chalkol.

Gott segne dich!

Salomo.

Und dich erhöre
Gott! Aber ach, was hilft der bange, schwache,
Der hoffnungslose Wunsch, wenn er, belastet
Von oben her, wie Kains Opfer, nieder
Zur Erde wallt, und nicht gen Himmel kömmt?

Chalkol.

Ist denn dein leidend Herz des Ausgangs Herr!
Tief sink' es hin vor Gott; so wird dein Wunsch
Das Opfer Abels seyn!

---

## Achter Auftritt.

### Die Vorigen. Darda. Die Sänger.

Darda.

Du hast geboten
Die Sänger herzuführen.

Salomo.

Laß ihr Lied
Versuchen, obs vielleicht mein Herz erfrische.

Die Sänger.

Ein Sänger.

Jonathan, ach, du eilst von mir weg, du Edler in Juda!
Auf der Höhe des Bergs, sankst du im Tode dahin.

Der Andre.

David, ich lasse dich hier und warte deiner in Hainen,
Wo der Bogen nicht tönt, und es vom Schilde nicht strahlt.

Der Erste.

Ach, ich muß noch zuvor viel Köcher hören, und viele
Rauschende Speere! den Tod weissagt ihr glänzender Flug.
Sagt es nicht an zu Gath! In deinen Thoren, o Askalon,
Walle kein wolkichter Staub eines Verkündigers auf!
Daß sich nicht freun die Töchter der Unbeschnittnen, Philista's
Töchter keinen Gesang tanzen im Taumel des Siegs!

Thauen nicht muß es auf euch, noch regnen, ihr Berge Gilboa!
Euer Gefilde sey dürr! gebe dem Opferer nichts!
Denn auf euch ward Helden ihr Schild herunter geschlagen,
Jonathans Bogen, der nie fehlte, so oft er erklang.
Lieblich warest du, warst holdselig im Leben. So leicht war
Nicht der Adler! so stark war nicht der Löwe, wie du!
Weint ihn, ihr Töchter Israel! rosinfarbne Gewande
Decken die Klagenden! Gold decke sie, Kleinod und Gold!

**Der Andre.**

Ja, zur Thräne, das festliche Kleid! Denn da, wo ich nun bin,
Fleugt der rauschende Pfeil, seufzt der Erschlagne nicht mehr!
Denn in dieser Wohnung der Ruh, den Hütten der Freundschaft,
Wart' ich derer, die mich klagen, und weine nicht mehr.
Abgetrocknet ist mir des Lebens Kummer. Gefallen
Bin ich zwar in dem Streit; aber wie glücklich bin ich!

**Der Erste.**

Leid ist es mir um dich, mein Bruder Jonathan. Freude
Hatt' ich und Wonn' an dir; aber die ist nun dahin.
Deine Liebe war mir viel theurer, als Liebe der Frauen!
Ach, der warst du, mein Freund, der, du mein Jonathan, mir.

**Der Andre.**

David! was wäre die Freundschaft, wofern sie unsterblich nicht wäre!
Müde zu leben und satt kömmst du, mein David, zu mir.
Ach, ich enthüllte dir gern die dunkeln Pfade des Todes!
Der die Leben beherrscht, deins und das meine, verbeuts.
Aber wenn du herauf zu meiner Umarmung zurück kömmst!
Dann . . mir ruft mein Gefährt! David, dich segne der Herr.

**Der Erste.**

Wenn, wenn werd' ich ihm folgen, ach, meinem Jonathan folgen?
Wenn mir jene, die mir Gott, der Errettende, gab?

Meine Kinder? O, Hoffnung des bessern unsterblichen Lebens,
Meine Kinder, mein Freund, alle versammelt um mich?
All' in den Hütten der Ruh versammelt, wo keiner Mutter
Augen Wehmuth entfließt! Wunden der Söhne kein Blut!

## Neunter Auftritt.

Salomo. Chalkol. Darda.

Salomo.

Jetzt wär' er denn bei ihm! . . und seinen Kindern!
Doch Absalon? . . und einst, die nun noch leben? . .
Du weißt es, Herr! . . So segnete mein Heman
Mich, Darda, noch? O dunkle Nacht, die nun
Sich zwischen mir und euch gelagert hat!
Und keine Thrän' erfleht, Verborgner, dich,
Licht in die dunkle Nacht zu senden! keine
Von denen, die ich sonst vergoß! denn jetzt
Sind Thränen mir versagt!

Chalkol.

Die Rettung kömmt
Zur Zeit, die Gott ihr setzt.

Salomo.

Mir kömmt sie niemals,
Ja niemals! Täuscht mich nur mit keiner Hoffnung,
O, meine Freunde, mehr! . . Es übertrifft
Was jemals Freundschaft war, selbst Davids Freundschaft,
Was ich entschlossen bin, um eurentwillen
Zu thun.

Darda.

Und was, du Bester aller Freunde?

Salomo.

Ich will, des Elends satt, gleichwohl den Tod
Erwarten.

Chalkol.

Nur um unsertwillen dich
Nicht tödten? aber nicht zurück zu Gott
Dich wenden? Schnell hast du von dem Gefühl,
Das erst dein Herz ergriff, dich losgemacht!

Darda.

O nenne nicht, entschlossen seyn zu leben,
Wenn du, in deinem finstern bittern Gram
Ganz unterzusinken, auch entschlossen bist.

Salomo.

Was ich zu thun vermag, das thu' ich. Mehr,
O Chalkol, fordre du von mir nicht! Hoffe
Nicht, Darda, mehr.

Darda.

Vermag denn Gott nicht mehr?

Salomo.

Wird Gott es wollen?

Chalkol.

Bist du denn so tief,
Bis da hinab, gesunken, Salomo,
Wo keine Hoffnung ist?

Salomo.

Verschwieg' ichs denn,
Daß Keiner sich im Staube bückt und weint,
Der elend sey, wie ich?

Chalkol.

Mein theurer Freund! . .

Salomo.

Du, Chalkol, weinest über mich! Ich muß
Wohl elend seyn, wie Keiner elend ist! . .
Verstummt ihr? Sagt denn: Wärs die beste Rettung nicht,
Ich ginge noch den Weg hinab, von dem
Kein Wiederkehren ist?

Chalkol.

Ach, Salomo,
Das wär' die Rettung Sauls! . . (Nach einigem Stillschweigen.)
Mein Rath ist der:
Du fragst den Herrn durch Nathan: Ob des Reichs
Zerreißung mit vergoßnem Kriegesblute
Beginnen soll? Begönne sie mit Blute:
So stürbest du in Waffen! Denn, nicht du,
Rehabeam, dein Sohn, verliert die Stämme!
Du hättest deinen Wunsch, den Tod, und bald vielleicht.
Und hätt' in Frieden, bis an deinen Tod,
Zu lassen dich der Herr der Herrscher beschlossen;
So sähst du, Salomo, wie er sich dein
Erinnerte!

Salomo.

Hinauf zu seinem Thron,
Bis dahinauf sollt' ich mit einer Frage
An Den, der ewig ist, mich wagen? Ich?

Chalkol.

Ist aus dem Labyrinth, in dem du irrst,
Denn andre Rettung?

Salomo.

Ich, den Opferblut

Befleckt?

---

## Zehnter Auftritt.

Die Vorigen. Semira. Die Sängerinnen und unter ihnen die Mutter, deren erster Sohn geopfert ist.

(Die Sängerinnen bleiben beim Eingange stehn.)

Semira.

Es ist geschehn! und Molochs Zorn
Läßt nach! hier bring' ich dir den Opferkranz
Des jüngsten Knaben. Seine Mutter bringt
Des Andern. Sie erflehte mich. Beglückt
Hält sie sich jetzt, daß wir zum Opfer ihren Sohn
Erkoren!

Salomo.

Ist sie hier? Sie ist es doch nicht?
Schnell laß sie hinab nach ihrer Hütte gehn!

Die Mutter.

Zuvor nimm diesen Kranz von meinem Sohn.
In deinen Fußtritt sink' ich, wo du standest,
(er ist ein wenig von ihr zurückgetreten)
Und küsse deinen Staub! und sieh', ich lege
Danksagend dir des Knaben Blumen drein!
(Nachdem sie schnell aufgestanden ist. Sie behält den Kranz die ganze Zeit über in der Hand.)
Dein lach' ich und des Todes! seht ihr nicht,
(sie geht um ihn herum)

Wie rings umher des frommen David Sohn
Von Opferblute trieft?

**Salomo** (zu Chalkol).

Geh, bring sie hinab!

**Chalkol** (leise).

Gott sandte sie.

**Salomo** (für sich).

So will ichs ganz denn hören,
Was ihr der Herr gebot!

**Die Mutter.**

Ihr alle seyd
Erstarrt, wie Felsen? Will er euch auch opfern?
Ihm fluchen? Er hat schon sich selber geflucht!
Und wer steigt tief genug zur Höll' hinab,
Dort einen Fluch für ihn heraufzubringen,
Der stark genug für diesen Opfrer ist!
Für diesen blutigen Verderber! Fleuch du nur,
(zu Semira, die wegeilt)
Entrinn' in Molochs Arm! Dort ruht man sanft.

---

## Eilfter Auftritt.

**Salomo. Chalkol. Darda. Die Mutter.**

**Die Mutter.**

Flieht, (zu Chalkol und Darda) opfert, Molochs Priester! opfert sie!
Glückseligkeit von nicht gemeiner Art
Hast du zerstört, vernichtet, du Verderber!

Wie Keiner liebt, so liebt des Knabens Vater mich!
So lieb' ich ihn! voll Einfalt, Freud' und Unschuld
War unsre Hütte! Nun ist Elend drin!
Und klein sind nicht am Geiste, die das Elend
In Staub herunter stürzte! Siebenfältig
Stürz' es auf dich herab! Ha! siehst du nicht,
Wie rings um dich die Todtenasche liegt?
Und Seelen wallen drin! so vieler Knaben,
So vieler Mütter, die vor Schmerz vergingen!
Eilt! (zu Chalkol und Darda, die erschrocken weggehn) opfert! eilt!

---

## Zwölfter Auftritt.

### Salomo. Die Mutter.

Die Mutter.

Du bist allein! O stünde
Hier zwischen uns der Todesengel jetzt,
Der Siebzigtausend schlug von Dan herauf!
Stünd' er, Entscheider zwischen mir und dir;
So würde Juda sehn: ob du des Todes
Zu lachen auch vermöchtest, wie dieß Weib?

Salomo (mit sanfter Stimme).

Gerettet, geh' hinab zu deiner Hütte.

Die Mutter.

Von jedem Fluche verflucht! und unerrettet!
Geh du zur Höll' hinab! Ins Todesthal,
(sie ruft dieß Salomo nach, der weggeht, aber bis sie ausgesprochen hat, in der offengelassenen Laube gesehen wird)
Und vor den Richter, der nicht Moloch heißt!

Bescheiden dich, mein Sohn und ich! und der von Blut
Bald trunkne Pfeil des Manns aus Ephrata,
Der an dem Strom der Rache Bogen spannt!

---

## Dreizehnter Auftritt.

### Die Mutter.

Ich opfert' auch! Allein mein Altar war,
Der war, Todtengebein! und Fluch mein Opfer!
Nimm du es an, der Götter Gott, und wirf
Das Thier und seinen Knecht ins Verderben hinab!

---

## Vierte Handlung.

### Personen.

Salomo.
Korah.
Zepho.
Chalkol.
Darda.
Nathan.

Sarja.
Die beiden Priester Molochs.
Moloch.
Chamos.

Der Schauplatz ist dunkel, in der Mitte desselben ein Altar, und auf diesem etwas Feuer.

### Erster Auftritt.

Salomo. Korah. Zepho.

(Zepho steht ganz in der Entfernung.)

Salomo.

Ich wiederhole dir, was du versprachst.
Du bringst aus seiner Gruft mir einen Todten,
Den ich dir nenn', herauf, der weissagt mir:

Obs Frieden oder Krieg wird seyn, wenn ich
Zu meinen Vätern geh'?

Korah.

Ja, ich versprachs
Und halts, bei Moloch!

Salomo.

Machest du noch viel
Zubereitung? Sobald du Alles, Korah,
Vollbracht hast, nenn' ich dir des Todten Namen.

Korah.

Viel Reinigung, viel Weihung, viel Gebet
Muß erst geschehn, eh Moloch seinem Priester
Den Todten zeigt. Hast (zu Zepho) du die Einsiedler
Gerufen?

Zepho.

Beide sind gerufen.

Korah.

Bring
Die Opferurnen jetzt, worin die Asche
Der Knaben ist.

---

## Zweiter Auftritt.

Salomo. Korah.

Salomo.

Wozu der Knaben Asche?
Hört ohne sie dich Moloch nicht?

**Korah.**

Wenn er
Der Knaben Staub nicht sieht und an den Urnen
Ihr Blut; so höret er mein Rufen nicht.

---

## Dritter Auftritt.

**Die Vorigen. Chalkol. Darda.**

**Chalkol.**

Den Moloch muß ich sehn? Warum hast du
Die Sonne dir, o Salomo, verfinstert?
Bei Nathan waren wir, dem Manne Gottes,
Sein Sohn führt ihn herauf.

**Salomo.**

Wer hat euch Das
Geboten?

**Chalkol.**

Unser Herz, das voll von Freundschaft
Dein Schicksal sieht. Du kannst von ihm nun hören:
Ob er dir räth, den Gott der Götter zu fragen?

**Korah.**

Wenn, Salomo, der Gott, der auf Moria . .

**Salomo.**

Nenn' dessen Namen nicht, der aller Götter
Erschaffer ist und Herr! Wenn wider Ihn,
Den Ewigen und Allerhöchsten, du
Ein einziges Wort nur sagst; so ists um dich
Geschehn, und du mußt sterben! Moloch opfr' ich
Dich selber alsdann! und aller Knaben Brüder,

Die Mütter auch der Knaben, die er hat,
Begleiten dich hinauf zum Glühenden!

Korah (indem er zurücktritt, für sich).

Ich weissag' ihm! Der Hölle Rache komm',
Und räche mich an ihm!

Salomo.

Was redest du
In deinem Herzen, als in einer Tiefe?

Korah.

Ich weihte mich, den Geist heraufzurufen.

Salomo.

Bringt Sarja seinen Vater jetzt?

Chalkol.

Sie nahn
Dem Cederngange schon.

Salomo.

Laß ihn zurückgehn.

Chalkol.

So soll der Greis, den ich mit Müh' erflehte,
Der durch die lange Dunkelheit herauf
Gestiegen ist, mit stummer Traurigkeit,
Und Thränen in dem lange thränenlosen
Erstarrten Aug', hinunter wieder gehn?

Salomo.

Was soll er hier? Den Moloch frag' ich jetzt!
Der Priester ruft, durch ihn, der Todten Einen
Zu mir herauf.

Chalkol.

Ein Geist, den Molochs Priester
Heraufruft, soll dich jenen Rathschluß lehren,
Den Gott nur kennt? der Knaben Blut durchdrang

Dein Herz, und du begannst zurück zu Gott
Zu kehren. Dieses thatest du, tiefer noch,
Als je, herabzusinken? Nach der Zukunft,
Bei deines Götzen Bild', ein Frager zu werden? (leise zu Darda)
Ein Geist der Hölle muß Der seyn, der dieses Bild
Erfand und sich in ihm anbeten läßt;
Wie könnte Salomo sonst so viel Nacht verfinstern?

Salomo.

Ihr unternehmt vergebens, mich den Wahn
Zu lehren, daß den Hocherhabnen, Ihn,
Ich fragen dürfe?

Chalkol.

Wenn du bis zu Gott
Dich nicht erheben darfst; so frage nur
Die Götzen nicht. Statt Molochs, statt der Todten,
Die er vermag zu senden, frage mich!
Die Zukunft kenn' ich nicht; allein ich kenne
Des Richters Weg, den er im Dunkeln geht
Mit denen, die zu weit von ihm sich sondern.

Korah.

O König, frage diesen Mann. Er weiß
Mehr als die Götter!

Chalkol.

Ja, er weiß, daß dein
Mit aller ihrer Qual die Hölle wartet!
Und daß das Dursten ihrer heißen Ungeduld
Nach Verbrechern, als der, der vor mir dasteht,
Umsonst nicht lange schmachtet!

Korah.

Schmachtete
Nur Moloch und seiner Altäre Glut nach dir!

## Vierter Auftritt.

### Die Vorigen. Nathan. Sarja.

Sarja (zu Nathan, indem er ihn langsam hereinführt).

Wir treten jetzt herein zu ihm. Ist der (zu Chalkol)
Nicht Molochs in der Dämmrung dort?

Nathan.

Was fragst du
So bang?

Sarja.

Es ist bei ihm ein Priester Molochs.

Nathan.

Sind seine Freunde denn bei ihm nicht mehr?

Chalkol.

Wir auch.

Nathan.

Mein König und mein Herr! sie haben
Mich Sterbenden zu dir heraufgebracht,
Daß du durch mich den Gott der Götter fragest!
Ich weiß nicht, ob du willst?

Salomo.

Ich sandt', o Nathan,
Sie nicht.

Nathan.

So laß mich hier ein wenig ruh'n,
Dann wieder gehn.

Salomo.

Leit' ihn, damit er ruhe, Sarja.

Nathan.

O, wäre mein Weg so kurz zum Grabe!
(Indem er sich hingesetzt hat.)

Chalkol.

Nathan,
Mein Vater! Salomo fragt Moloch heut,
Den stummen Götzen, mehr von dem zu wissen,
Was Gott verkündigt hat.

Korah.

Bleibt ihr nur hier,
Und höret was die Geister Molochs sagen,
Und sehet dann, ob, was sie sagen, geschieht.

Chalkol.

Geschieht? Ja, wenn sie dir verkündigten . .
Daß du . . Doch meine Seele fühlt sich zu hoch
Mit dir noch mehr zu reden, Priester!

Korah.

Meine
Zu hoch nicht, dein zu spotten!

---

## Fünfter Auftritt.

Die Vorigen. Zepho. Zwei andre Priester. Moloch. Chamos.

Nathan.

Wessen ist
Dieß Rauschen, Sohn? Wer sind die Kommenden?

Sarja.

Mit Urnen, Priester Molochs, und verhüllt,
Mit Fackeln in der Hand, zwei andre Männer.

Moloch

(leise, indem zugleich ein Geräusch durch das Niedersetzen der Urnen entsteht)

O Chamos, die sind wir, sind Sterbliche nur!

Chalkol.

Was setzt ihr Beiden da an Molochs Altar
Für Urnen hin?

Chamos (auch leise).

Antworte, Moloch, du!
Ist nicht die Asche dein?

Korah.

Der Opferknaben Staub
Ist drin! und dran ihr Blut!

Nathan.

Dank seys dem Herrn
Daß mir durch ihn das Licht des Tages verlosch!

Chalkol.

Wer seyd ihr beiden Todtenfrager dort,
Ihr, die verhüllt, die trüben Flammen tragen?
Und die einander so viel Geheimes sagten?
Von Moloch, glaub' ich und der Todten Ankunft.

Moloch.

Und Wer bist du?

Chalkol.

Der Knechte Gottes Einer?

Moloch.

Des Moloch?

Chalkol.

So, Elender, fragst du mich?
Des Gottes Knecht bin ich, der Erd' und Himmel,
Und auch das Erzt erschuf, woraus ihr Moloche gießt!
Der Dulder ist und dann Verderber schnell,
Wenn nun der Rache reif die Thaten sind.

Moloch.

Den kenn' ich nicht!

Chalkol.

Du kennst ihn nicht und bebst,
Da ich vor dir den Hocherhabnen nenne?

Korah (zu den Priestern).

Streut Opferkörner in des Altars Glut,
Damit der Duft des lieblichen Geruchs
Den Gott, aus seiner Trunkenheit des Bluts,
Er, aus der Nacht, der Todten Geister wecke.

(Indem die Priester Weihrauch ausstreun.)

Auf, Moloch, auf! dein Altar glühet dir,
Und wallend steigen wolkichte Gerüche!

Chalkol (zu Nathan gekehrt).

Umwölkte, Korah, dich des Abgrunds Nacht!

Nathan.

Ich habe
Genug geruht. (Er steht auf.)

Korah.

Was säumst du, Salomo?
Auf, nenne nun des Todten Namen mir!

Chalkol.

Bleib, Nathan, und errett' ihn!

Sarja.

Vater, bleib!

Salomo.

Des Todten Namen?

Chalkol.

Nenne, nenn' ihn nicht!
Und tritt den einen Schritt nicht vor, den du
Noch bis zum Abgrund hast.

Salomo.

Du hast, zuerst
Durch deinen Rath, denn, o wie dürft' ich Gott!
Die Todten zu fragen, mich verleitet.

Chalkol.

Gott
Rieth ich zu fragen. Nicht von mir verleitet,
Ganz ohne mich, fragst du die Hölle!

Salomo.

Wie dürft' ich,
Wär' ich auch unbefleckt vom Opferblut,
Den Hocherhabnen, Großen, Ersten fragen?
Was kümmert ihn der Pfeil Jerobeams
Nach Blute dürstend? und der Staub (er weist auf sich) vor euch?
Auch frag' ich nicht die Hölle, Götter sinds!
Drum laß mich fragen, denen Menschenschicksal
Zu klein nicht ist. Beinah' ist's Moloch selber zu klein.
Er sendet Geister, die antworten müssen.

Korah (zu Moloch leise).

Hast du's gehört? Selbst Moloch! Ha! was sind
Wir ihm, da unser Gott ihm das nur ist?
Glüh, Rache, glüh! verzehr' ihn, Rache der Hölle!

Moloch.

Ja, diese!

Salomo.

Wartet denn! Bald nenn' ich euch
Den Geist. Die Wahl (zu Chalkol) ist zwischen David mir
Und Heman schwer . .

Nathan.

Nur David nicht; nicht ihn,
Bei seinem Gott! Er möchte dir, von Moloch
Und seinem Priester ungerufen, zu starke,
Zu fürchterliche Donner jener Welt
Herüber schleudern! Auf, ich habe genug geruht,
Bring mich zum Tempel, Sohn!

Zarja.

Mein Vater, bleib!

Chalkol.

Auch Heman nicht! soll deinen todten Freund
Der Molochit durch seinen Stolz entweihn,
Indem er dieses Frommen ferne Ruh
Zu stören sich vermißt? Den (zu Korah) andern, Korah,
Und Dathan ruf', und ruf' Abiram herauf,
Zu prophezeihn, nicht Davids Sohne, dir
Zu prophezeihn, wenn du dereinst ihr Genoß
Bei ihnen wandeln wirst!

Korah.

Streut Rauchwerk auf,
Ihr Priester! Darf, o König, dieser Mann
Die Opfer Molochs also entheiligen?
Streut keinen Weihrauch mehr, ihr Priester, auf!
Und wendet, Einsiedler, die Todtenfackeln
Vom Altar weg!

Moloch (zu Salomo).

Wenn du die Männer hier
Vom Altar nicht entfernst; so schickt dem Korah
Die Gottheit Molochs keinen Todten herauf.

Koräh.

Schweig, Einsiedler, und trag du deine Flamme.
Laß mich allein von Molochs Rathschluß reden!

Moloch (für sich).

Ha! das Todtengeripp! . .

Nathan.

Bring mich zum Tempel,
Mein Sarja.

Salomo.

Nathan, und warum zum Tempel?

Nathan.

Für Davids Sohn zu beten!

Salomo.

Auch zu fragen?

Chalkol (zu Salomo).

Er müßte fürchten, daß der Fragen zwo
Zugleich erschallten, ein' im Himmel, in der Hölle
Die andre!

Salomo.

Darda, und du gehest auch?

Darda.

Was kann ich sonst thun, als verstummen und fliehn?

---

## Sechster Auftritt.

Salomo. Chalkol. Die vier Priester. Moloch. Chamos.

Salomo (zu Chalkol).

Du fürchtest doch des Todten Ankunft nicht?

Chalkol.

Nicht den die Korah rufen, aber der,
Den Frager und den Rufer zu bestrafen,
Erscheinen kann, ist mir, um deinetwillen,
Sehr furchtbar!

Salomo.

Bleib' im Cederngange. Weiht (zu den Priestern)
Euch völlig. Mir ist nur des Todten Wahl
Noch schwer; allein ich komme bald zurück.

---

## Siebenter Auftritt.

Die vier Priester. Moloch. Chamos.

Korah (zu den Priestern).

Sprecht ihr im Cederngange mit diesem Chalkol,
Und hinderts, daß er nicht zum König geh':
So will ich, von des Gartens Seite, mich
Der Sommerlaube nahn. Ich bringe vielleicht
Ihn bald zurück. Denn lange müssen wir
Ihn sich nicht überlassen. Einsiedler!
Geht nicht von hier, und nährt die Flamme des Altars!

---

## Achter Auftritt.

**Moloch. Chamos.**

**Moloch.**

(Er murmelt dieß dem Korah nach, da dieser weggeht.)

Doch auch des Abgrunds Todter? Ha, wie dampfte
Der Knaben Blut an meinem Bild empor!
Und hörtest du ihr Röcheln? Sahest du
Verstummen, Chamos, Todten gleich, die Mütter?

**Chamos.**

Ich hasse dich! Mir opfern sie kein Blut
Der Menschen!

**Moloch.**

Hasse mich! doch hör' es nur
Und sieh's, mich auch, wenn ich gleich einer Nacht,
Um mein glühendes Bild, den Knabenmörder,
Hoch im Triumphe schwebe! Doch was ist
Ihr Blut? Die Seelen waren ja nicht mein!

**Chamos.**

Ich haß', ich hasse dich!

**Moloch.**

Vergeh' vor Wuth!
Denn Salomo ist mein!

**Chamos.**

Auch mein, du Stolzer!
Und der Höll'! Er ist ein allgemeines Gut!

**Moloch.**

Es sey! Doch laß uns auch zusammen uns
Des großen Raubes freun! Mich däucht, ich reiß ihn schon

Gekettet an den ehernen Wagen des Siegs
Zur diamantnen Pfort' hinunter, rauschend
Wie Donnerhall, und schnell wie sie, hinunter
Den Riesen!

**Chamos.**

Schneller noch, ein lauter Herold,
Schweb' ich vorher, und kündig' es an!

**Moloch.**

Dann horcht
Dem Donnerhalle von oben her der Sohn
Isai's nach, bis er sich dumpf verliert!
Dann steht mir Satan auf! Verstehst du auch,
Den Blumengott, und nicht des Bluts! durchglüht
Auch dieses Stolzes Flammenstrom dich ganz,
Daß der, so fiel, gestürzt vom Himmel herab,
Ein Riese fiel?

**Chamos.**

Aufschwellender Verderber!
Dein lach' ich! Führt' ich ihn durch Blumen nicht
Zum Blut?

**Moloch.**

Wofern du meine höh're Größe
Dich blendest einzusehn; so sey nicht blind
Zu sehn, was ich dir jetzt entfalten will.
Groß sind wir, groß! Uns beten Erd' und Meer,
Nur völlig noch dieß kleine Land nicht an;
Allein sein König! Und wer war, der uns
Jetzt anbetet, vordem? War einer weiser,
Begnadigter einer von Gott, als er? Der Sand am Meer
Nichts sind uns gegen ihn die Völker alle!
Allein was ist uns mehr noch, als selbst er?

Chamos.

Als er?

Moloch.

So lern' es denn. Viel gute Seelen,
Die weise, doch zugleich verführbar sind,
Und die er uns verführt! Er macht sie, zwischen Gott,
Und einem Heere dunkler Zweifel, schwanken!

Chamos.

Sind sie drum unser?

Moloch.

Nein, das sind sie nicht;
Allein sie stehen doch am Hange des Abgrunds!
Schläfst du auf deinen Blumen stets und merkst
Nicht auf? Viel ihrer leugnen schon sehr viel.
Sie hielten uns für Götter nie; allein
Für Das doch, was wir sind. Nun haben sie
Uns aus der Wesen Reih' herausgewähnt.
Undinge sind wir ihnen!

Chamos.

Ha! die Pest,
Die ihre Todesdünst' in Finsternissen
Versammelt hat, ein Unding?

Moloch.

Oft erschallt
Mein Hohngelächter, daß ich zwar nicht bin,
Allein doch bis zur Höll' hinab verderbe!

Chamos.

Die kühnen Thoren! nur kurzsichtiger,
Als kühn! Wähnt unser Salomo, wie sie?
Doch wird er wirklich immer unser seyn?
Mich schrecket, was ich hört' und sah.

Moloch.

Was schreckt dich,
Du Weichling?

Chamos.

Siehst du nicht, wie tief er Gott
Verehrt? und nur es nicht wagt, sich ihm zu nahn?
Und seine Freunde dann, vor allen Chalkol!
Vor diesem noch der hassenswürdigste,
Der Greis in Israel, der graue Nathan,
Der jetzt sogar für ihn im Tempel betet!

Moloch.

Wie? betet Nathan?

Chamos.

Hörtest du ihn nicht?

Moloch.

Ich war vertieft in Das, wovon wir sprachen.
Auf, Chamos, schütte mir jetzt Rauchwerk auf,
Und opfre mir: so will ich dich der Qual
Der Zweifel, die du hast, entreißen.

Chamos.

Der Priester
Gebeut des Altars Glut zu nähren! Moloch,
Daß ich ihm opfern soll! wohlan! ich gehorche.

(Er streut Weihrauch auf.)

Nun, großer Moloch! Jupiter des Aufgangs!
Zwo sind der Fragen nur! antworte sie!
Sag: Soll dein Korah einen Schatten seyn?
Und was soll Salomo der Schatten prophezein?

Moloch.

Nichts hören, und nichts sehn, erfinden soll
Mein Priester!

Chamos.

Also überlässest du:
Ob Salomo uns künftig angehöre,
Dem Priester zu entscheiden? Leugne nun
Nur nicht, du habest das fürchterliche Schweben
Des Todesengels in dem Thal am Oelberg
Wie ich gehört? Du sendetest gewiß
Erscheinungen herauf; allein dich schreckt
Die Nähe Deß, der einst bei Arnans Tenne
Die finstre Todeswolke still stehen hieß!
Und dann, was wissen, ich und du, von dem,
Was künftig ist? Der Zukunft Dunkelheit
War stets uns Qual! Da dieß noch! (er streut wieder Weihrauch auf) und verzeih,
Daß er dich also fragt, dem Opferer!

Moloch.

Ich spotte deines Spottes, und überlass' es Korah:
Ob Salomo mir künftig angehöre.
Den Todesengel fürchtet' ich, die Pest,
Ich ein Unsterblicher?

Chamos.

Die nicht! allein
Des Verderbers schnelle Gewalt und Donnerworte
Von Gott, die ihm vielleicht geboten sind
Dir auszusprechen, daß du fliehen sollst,
Von deinem Bild' hinab zur Hölle fliehn!

## Neunter Auftritt.

Die Vorigen. Zepho. Die beiden andern Priester.

Chamos.

Verließt ihr Chalkol schon?

Zepho.

Er stand und sah
Dem Greise nach, als er zum Tempel ging.
Darauf ward er zu Salomo gerufen.

Chamos.

Nicht Korah mit?

Zepho.

Er stand von fern und ward
Nicht mit hinein gerufen. Voll von Zorn
Folgt er uns nach!

---

## Zehnter Auftritt.

Die Vorigen. Korah.

Korah.

Schlecht nähret ihr die Glut
Des Altars, Einsiedler! Wem dienet ihr?
Bin ich denn nicht des großen Molochs Priester?
Kehrt (zu den Priestern) die Urnen herum, damit der König,
Kömmt er zurück, mehr Blut der Knaben seh.

Streu, Zepho, Weihrauch auf. Werft (zu Moloch und Chamos)
euch nieder,
Daß Molochs Blick nicht zürne. Säumst du (zu Moloch) noch?
Fall nieder. (Er fällt nieder.)

---

## Eilfter Auftritt.

**Die Vorigen. Salomo. Chalkol.**

Chalkol.

Weil gar nichts dein Herz bewegt,
Und Finsterniß dir jede Wahrheit ist;
So unternimm es denn und frage den Götzen!
Der Moloch, dacht' ich sonst, ist eines Undings Bild!
Doch da er über dich unwiderstehlich
Gewalt hat, glaub' ich, daß des Abgrunds Einer
Das mordende Bild voll Thränen und voll Tod
Beseelt! Schau hin! Ihr Blut!
(Er weist auf die Urnen.)

Salomo.

Du wolltest ja
Von dieses Untergottes Prophezeiung
Nur Zeuge seyn, und mich, mit diesem Ungestüm
Der Freundschaft, schonen.

Moloch.

Dieses Untergottes?

Salomo.

Heiß diese Männer schweigen, Korah! Hört
Nun Moloch bald? Und ist des Opferns gnug geschehn?

Korah.

Du fehlst als Opferer. Fall nieder, König!

Salomo.

Ich niederfallen vor erschaffnen Göttern?
Entrinn du meinem Zorn.

Korah.

Fällst du nicht nieder,
So wird des Gottes Antwort dir fürchterlich seyn!

Salomo.

Ich will sie stehend hören.

Chalkol.

Werden wir
Den Geist auch sehn und hören? oder du
Allein?

Korah.

Wie Moloch das beschlossen hat!
Tritt weit dorthin. Denn hier erscheint der Todte.
Tritt fern von mir in jene Dunkelheit!

Chalkol.

Die Todten, welche du uns rufen kannst,
Die fürcht' ich nicht. Ich will ganz nah sie sehn!

(Er tritt weit vor.)

Korah.

Fallt, Einsiedler und Priester, auf das Antlitz.
Nun, König, nenne mir des Todten Namen.

Chalkol.

Ach, Davids nicht! nicht Hemans! Salomo.

Korah.

Des Todten Namen, König.

Salomo.

Heman! . .

Korah.

Schau,
Wo du auf Wolken thronst, von Libanon,
O großer Moloch, oder von dem Haupt
Des Carmels her! doch schwebst du jetzt vielleicht
Auf deinem geweihten Oelberg, schau von da,
Des Schreckens Gott herab! Schau her! es dampft
Dein Altar dir! Und an des Altars Fuß
Liegt besserer Opfer Staub, von ihrem Blut
Umspritzt, vor dir! sieh, deine Priester flehn,
Und die in Höhlen dir, du Schrecklicher,
Ihr heilig Leben widmen. Schau herab
Ein Hasser, der dich schmäht, steht auch vor dir;
Mach dich denn auf, erhebe deinen Fuß.

Chamos
(leise zu Moloch, indem er sich aufrichtet. Moloch richtet sich auch auf).

Hörst du den Todesengel rauschen?

Korah.

Erheb' ihn,
Stampf' in den Staub, daß aus der Tiefe komm'
Ein Geist, der deinem König prophezei':
Obs Frieden seyn wird oder Krieg, wenn er
Zu seinen Vätern geht? Du Mächtiger,
Stampf hin! Der Todte komm! sein Nam' ist Heman!
(Er taumelt an den Altar hin, und will sich halten.)
Helft, weh mir! ich sinke!

Chamos (zu Moloch leise).

Siehst du ihn?

Moloch.

Er ists,
Bei Arnans, der! (Sie fliehn.)

## Zwölfter Auftritt.

Salomo. Chalkol. Korah. Zepho. Die beiden andern Priester.

Salomo.

Sie flohn ja! Was geschah
Dir, Korah? Lauf (zu Zepho) du jenen nach.

---

## Dreizehnter Auftritt.

Salomo. Chalkol. Korah. Die beiden andern Priester.

Salomo.

Was wars?
Was sahst? Was hörtest du?

Chalkol.

Merkst du denn nicht,
Daß er ganz sinnlos ist?

Salomo.

Siehst du mich nicht?
Hörst du mich, Korah, nicht? Auf, bringt ihn weg!

---

## Vierzehnter Auftritt.

Salomo. Chalkol.

Salomo.

Und was sahst du?

Chalkol.

Ich sahe nichts!

Salomo.

Vernahmst du
Auch nichts?

Chalkol.

Ich hörte nichts.

Salomo.

Dieß Alles geschah
Sehr schnell.

Chalkol.

Des Richters Arm ist schnell.

---

## Fünfzehnter Auftritt.

Die Vorigen. Zepho.

Zepho.

Ich sah
Sie nirgends fliehn.

Salomo.

Geh, nimm die Todtenurnen,

Zerschmettre sie und streu' den Staub in den Bach!
Dann bring' den Altar weg.

(Zepho trägt die Urnen hinaus.)

---

## Sechzehnter Auftritt.

Salomo. Chalkol.

Salomo.

Was war dieß Alles,
O Chalkol?

Chalkol.

Was es war? Der Richter ging
Sehr nah bei dir vorbei, und schonte dein!
Das war es, Salomo, und dann noch Das:
Antworten konnte dir dein Moloch nicht!

Salomo.

Du Hocherhabner! Das, Das wär's gewesen!
Laß, Chalkol, mich allein.

Chalkol.

Ich heute dich
Verlassen? Diesen Tag der neuen Sünden?
Und auch des neuen Schonens?

Salomo.

Komm, und triff,
Du Pfeil Jerobeams! Vorhergesagt,
Und nicht vorhergesagt, Das ist mir eins!
Komm nur und triff! . . Des Gottes Priester sah
Den Schatten Hemans. Das erschreckt' ihn so.

Chalkol.

Was er gesehn hat, oder nicht gesehn!
Den Schatten Hemans! oder einen Engel,
Der schrecklichen Verderber Einen! oder ob
Unsichtbar ihn die Hand des Herrn berührt hat!
Das ist mir gleich, genug, Das, was geschah,
Die Ursach nur, daß Molochs Prophezeiung
Verstummen mußte.

Salomo.

Gottes Hand den Priester,
Unsichtbar ihn berührte? meiner schonte?
Verschonung wär' auch Das, daß Moloch mir
Verstummen mußte? Bring mir Sarja her
Und Darda. Dieser Eil bedarf es nicht
Die Einsamkeit entwickelt mir vielleicht
Das, was geschah, noch mehr.

---

## Siebenzehnter Auftritt.

Salomo. Zepho.

Zepho.

Du hast geboten.
Der Bach hat ihren Staub.

Salomo.

Auf, eil', und zerbrich
Den Altar nun!

---

## Achtzehnter Auftritt.

### Zephs.

Was war denn dieses Alles?
Was schreckte Korah so? Warum entflohn
Die Einsiedler? Und deiner Opfer Asche
Mußt' ich, o Moloch, in den Bach verschütten?
Sogar auch dieses Altars Anblick haßt
Der König? Ist in Israel dein Reich
Denn aus, sonst Mächtiger? Und schützest du dich nicht?
Ach, Altar Molochs! Doch der Bach muß erst
Die Glut auf dir verlöschen, eh' du wankst.
Liegt wo noch Asch' am Bach, so schöpf' ich da.
Und opfre so auf dir noch Einmal, Altar!

## Fünfte Handlung.

### Personen.

Chalkol.
Darda.
Salomo.
Sarja.
Nathan.
Die beiden Männer aus dem Volke.
Korah.
Semira.

### Erster Auftritt.

Chalkol. Darda.

Darda.

Vor Trauren, über unsers Hemans Tod
Und über Salomos stets tieferen Fall,
Ist trüb' und müde mir die ganze Seele!
Was ruft er mich? Und du, was fragst du mich?
Ich such' umsonst und finde keinen Rath.
Er ist ein Fels! und was kann ihn erschüttern,
Da's Hemans Abschied und sein Tod nicht kann?
Aus Mitleid liebt' ich ihn. Nun lieb' ich ihn nicht mehr!

Chalkol.

Ach, ich begreif' es, theurer Freund, daß du
Ermattet bist, und nicht mehr rathen kannst.
In dieser dunkeln Nacht, die uns umringt,
Seh' ich nur Einen Strahl. Wenn der auch schwindet,
So sink' ich hin, wie du, und weiß nichts mehr.

Darda.

Erinnre dich, wie ich sonst stets dich hörte;
Doch jetzo hör' ich dich mit trüber Kälte.
Denn keine, keine Hoffnung hab' ich mehr
Von ihm. Nun seh' ich erst, was für ein Herz
Der haben mußte, der so weise war,
Und doch durch solche Schattengründe sich
Zu einem solchen Abfall von dem Herrn
Verführen ließ! Verführen nicht! Er lag
Schon tief in seiner Wollust Blumenthal,
Und schläferte nur sich mehr durch diese Gründe
Zum Tod' ein! Wenn kein Donner vom Himmel herab
Auf diesen Felsen fällt und ihn zermalmt;
So streben, mühn, arbeiten wir umsonst!

Chalkol.

Der Donner fällt herab, sobald ihm Gott
Antwortet.

Darda.

Irr' und glaub', er werde fragen.

Chalkol.

Die Eine schwache Hoffnung hab' ich noch,
Dazu ihn zu bewegen.

Darda.

Es sey, er frage:

Und ihm verkünde dann der Richter Blut;
Dann, Chalkol!

**Chalkol.**

So . .

**Darda.**

Ach, so verzweifelt er!

**Chalkol.**

Wer hätt' es denn verkündet, Darda? Gott!

**Darda.**

Beweg' ihn, fleh' ihm, daß er frage, beschwör' ihn
Bei Allem, was ihm jemals heilig war;
Ich steh' dir bei.

**Chalkol.**

O, thät' es Nathan auch!
Was sagte Nathan noch zu dir?

**Darda.**

Er sprach:
Mir zittert vor Begier mein ganzes Herz,
Zu ihm zu kommen. Doch, ruft er mich nicht:
So hört er mich auch nicht. Er sprach nichts mehr,
Und betete dann für ihn von Neuem.

**Chalkol.**

Merk,
Wie dunkel's um ihn ist. Sieht er auch Schimmer;
So sieht er sie doch niemals ganz. Ihn hat
Mit Hindernissen Gott eng eingeschlossen.
Uns ruft er; Nathan nicht!

**Darda.**

Gib Acht, er wird
In dieser Hinderniß sich auch verwickeln,
Und grübelnd untersuchen, was dem Priester

Und denen, die entflohn, so schrecklich war?
Und weniger bei dem, was doch vor allen
Entscheidet, sich verweilen, daß kein Geist
Antworten durfte!

Chalkol.

Hör', er naht sich uns.

Darda.

Hörst du? Er kehrt schon wieder um. In allen
Schwankt er von Zweifeln hin und her. Nimm an
Er entschließt sich auch, den Ewigen zu fragen:
So wird er, fürchtest du Das nicht mit mir?
Noch dann zurück die Frage rufen, wenn
Sie schon begann im Himmel zu erschallen,
Du blickst sehr ernst!

Chalkol.

Vor meiner Seele ging
Ein Gedanke, der mich schreckt', jetzt eben vorüber.
Wenn nun, geweissagt, oder nicht geweissagt,
Vom Strome Jerobeam mit Blute kömmt,
Und, angeführt von ihm, dann Heere Haufen würgen,
Zehn Stämme zwei! des Sohnes Nebot Köcher
Im Schlachtfeld tönt, und seine Pfeile fliegen,
Ein Pfeil auf Salomo! und der dann fällt!
Vom ehrnen Wagen blutig niederstürzt,
Von Gott verworfen!

## Zweiter Auftritt.

### Die Vorigen. Salomo.

Salomo.

Riefst du Sarja nicht?

Chalkol.

Konnt' er den Greis allein im Tempel lassen,
Der nicht dem Alter nur, der auch dem Schmerz
Um dich erliegt? Du riefst ja nur den Sohn,
Und nicht den Vater mit. Erst wollte Sarja gehn,
Dann wieder nicht. Der Vater wollt's. Der Sohn
Ging mit, dann wandt' er sich; doch blieb' er stehn,
Und sah uns nach. Wir eilten fort.

Salomo.

Noch liegt
Der Priester, Chalkol, wie wir ihn vor uns
Erstarren sahn, liegt ohne Stimm' und Blick,
Gehörlos auch! und alle meine Boten
Vermögen nicht die Beiden, die entflohn,
Zu finden. Korah liegt! und Jene fliehn!
Was kümmerts mich? Des Todten Antwort ward
Gehindert. Dieses ist genug für mich.

Chalkol.

Von Gott gehindert, Salomo?

Salomo.

Vielleicht.

Chalkol.

Sahst du die Hand des Herrn denn nicht, wie sie
Den Korah traf, und Jene, die entflohn?

Salomo.

Ja, eine höhere Macht wars, die sie traf;
Doch, ob des Ewigen? Das weiß ich nicht.

Chalkol.

Die höheren Mächte, die du meinst, und denen
Bisher du opfertest, vergaßen also,
Daß ihnen dich zum frömmern Opferer
Ihr Ausspruch machen würde? Daß sie dich,
Vernähmst du keinen, gar verlieren könnten?
Sehr groß sind deine Götter, daß sie dich
Sogar, o Salomo, und deiner Opfer Blut
Verachten, sie, die rings um uns die Völker
Zu ihrer bangen Sclaverei verführen.
Doch, weg von ihnen, weg! und Moloch sey
Noch ungefragt! Aus deinen Nächten ist
Kein andrer Weg, als: Den, der ewig ist, zu fragen!

Darda.

Ja, Dieses, und sonst nichts, entscheidet, Salomo,
Dein Schicksal.

---

## Dritter Auftritt.

### Die Vorigen. Sarja.

Salomo.

Kam dein Vater nicht mit dir?

Sarja.

Du riefst ihn nicht.

Salomo.

Geh', eile, theurer Sarja,

Und bring den weisen Alten, deinen Vater
Herauf zu mir.

Sarja.

Mit dir und ihm sey Gott!

---

## Vierter Auftritt.

**Salomo. Chalkol. Darda.**

Chalkol.

Wählst du den Einen Weg, der über dir
Aus deinem Abgrund ist? Und fragst du Gott?

Salomo.

Erwarte Nathan! Hat Jerusalem
Des theuren Alten Gang zu mir bemerkt?

Chalkol.

Noch mehr, als Das.

Salomo.

Und was denn mehr?

Chalkol.

War nicht
Der Tag der Opfrung heut? Ganz Salem war
Hinausgeströmt, die Opferung zu sehn.
Sie sahn die Priester sich dem Moloch weihn,
Und zögern und voll Wuth darüber! sahn
Die Königinnen ungewiß und bleich!
Den Boten gehn, zurückfliehn, dann die Eil
Des Opfers! sahn mich athemlos ihm folgen
Und dann zurück zu dir voll Wehmuth gehn.

Das sahen sie, und dann, indem hiervon
Vielfältigs Murmeln unter ihnen war,
Den sie so lange nicht erblickten, Nathan,
Den ehrenvollen Greis, zu dir hinaufgehn,
Geführt von seinem Sohn, der fern vom Strome
Gekommen war. Auch lief ein schneller Ruf
Schon hier und da umher: Bei Sisack sey
Jerobeam! Wo Nathan und sein Sohn
Hintraten, floß das Volk getrennt von einander.
Dem Vater segneten sie und seinem Sohn
Voll Ehrfurcht und Bewundrung zu. Viel folgten
Bis zu des Cederngangеs Oeffnung nach
Und blieben da. Seit diesem, wie du weißt,
Ist Nathan von dir weg hinauf zum Tempel
Gegangen. Als ich kam, den Sohn zu rufen
Und Darda, war ganz Salem in dem Tempel
Versammelt. Alle sahn den frommen Nathan beten.
Auch war . .

Salomo.

Hör' auf! O Last, die auf mir liegt!
Der Richter hier, mein Volk! und dort der Herr!
So scheint mir's jetzt. Doch fahr', o Chalkol, fort.

Chalkol.

Als ich hinaufkam, war ein Ruf entstanden:
Den Korah, Molochs Priester, habe Gott
Bei dir getödtet!

Salomo.

Weil er Todte fragte?

Chalkol.

Das wußten sie noch nicht.

Salomo.

Verbergt's! verbergt es nicht!
Wie säumt denn Nathan so? Sieh aus, ob er
Sich noch nicht naht?

Chalkol.

Ich sehe vielen Staub
Vom Tempel niederwallen, manchmal Volk
Dahinter, wenn der dicke Staub verfliegt.
Ihn seh' ich nicht.

Salomo.

Er ist vom Volk umringt.
Geh' ihm im Cederngang entgegen.

---

## Fünfter Auftritt.

Salomo. Darda.

Salomo.

Darda,
Mein theurer Freund, dir will ichs nicht verhehlen,
Daß unaussprechlich meine Seele leidet!
Was soll ich thun? Darf ich den Richter fragen?
Und wird er nicht im Wetter mir antworten?
Und leb' ich, wenn er spricht, was werd' ich hören?
Was anders, als vom Blut des armen Volks?
Und meinem Blut? Zwar gerne will ich sterben:
Allein was wartet mein über dem Grabe,
Wenn so der Herr das Königreich zerreißt?
Wie schreckenvoll ist jetzt für mich, was Gott

Mir sagte, da er mir zum zweitenmal
Im Traum erschien! Wie schreckenvoll auch dieß,
Daß ich, seitdem ich Moloch diente, daran
Gezweifelt hab', ob dieser Traum von Gott
Gekommen sey, da er doch jenem völlig glich,
In welchem Gott verhieß, was er gegeben hat!
Des zweiten Drohung, ach! vielleicht wird sie
Sehr bald erfüllt! vielleicht sehr bald darauf,
Wenn nun mein Volk getrennt, und leichter dann
Zu besiegen ist, und ach! von Bruderwunden blutig,
Ein schneller Raub der Krieger um uns her!
Und wer verführt' es denn zum Götterdienst?
Ich war's, ich macht's, daß sie aus ihrem Lande weg
Getrieben, ein Spott des hohen Siegers wurden!
Und mir wird in mein Grab ihr Fluch nachhallen,
Daß Gott sein Angesicht von ihrem Tempel
Gewendet hat, und daß er hingestürzt
In Trümmern liegt, das Entsetzen Deß, der ihn
Sonst sah, und nun vor ihm vorüberflieht!
Der Herr ist jetzo mir zu fürchterlich!
Laß mich nicht fragen. Ist auch Blut beschlossen,
So weiß ich's nicht und hoff', ich hoffe vielleicht
Wie sonst, ich werd' im Frieden sterben!

Darda.

Fleuch zu Gott,
Und frage dann, oder frag' auch nicht.

Salomo.

Ach, Darda,
Ich kann nicht!

Darda.

Ist sein Arm denn gegen dich,
Daß du nicht kannst?

Salomo.

Etwas, das mir zu mächtig ist,
Ist gegen mich. Ich weiß nicht, was es ist.
Ich kann zu Gott nicht fliehn! Vielleicht werd' ich
Ganz der Götzen Gewalt von ihm gelassen,
Vor denen ich der Unschuld Blut vergoß.
Allein sie kommen.

---

## Sechster Auftritt.

**Die Vorigen. Nathan. Sarja. Chalkol.**

Chalkol.

Nathan, wir sind jetzt
Bei Salomo.

Salomo.

Du, meines Vaters Freund,
Und meiner auch vielleicht, Prophet des Herrn,
Ich sandte deinen Sohn zu dir; allein,
Da mich mit Nacht mein Elend rings umgibt,
Weiß ich nun kaum, was ich dir sagen soll.
Du kanntest mich vordem. Ich weiß nicht, ob du noch
Mich kennst. Sehr lang entzog ich mir, mein Vater, dich!
Doch hörtest du gewiß, durch deinen Sohn
Und unsre Freunde, was ich heute that,
Ach, Nathan, und auch litt!

Nathan.

Gott segne dich!
Das sey mein Erstes; Dank, das Zweite, Dank,

Daß du, mein König, mich zu dir entbotest,
Und mich mit dieser Huld empfängst. Doch eh'
Ich weiter rede, laß mich ruhn. Mein Alter,
Mein Weg durch diese Finsterniß herauf,
Und diese Thränen, lange weint' ich nicht!

Sarja.

Mein Vater weinte nicht, als ich gekommen war.

Nathan.

Dieß Alles hat mich abgemattet.

Salomo.

Führt
Zu meinem Sitz den ehrenvollen Greis.
So weißt du Alles denn, was heute geschah?

Nathan.

Ich weiß es.

Salomo.

Chalkol will, ich soll zu Gott
Mich fragend wenden, und du, Nathan, sollst
Der Engel seyn, den ich zum Richter sende.
Willst du das Erste?

Nathan.

Willst du es denn nicht?

Salomo.

Wie dürft' ich? denk' ihm nach: der Unschuld Blut
Befleckt mich sehr, und oft floß dieses Blut!
Und schallt nicht meine Frage Molochs noch
In eurem Ohr? Ach, mehr, als Beides, schrecken
Die Seelen mich, der Knaben nicht, die sind
Bei Gott! Die Seelen Derer, die durch mich
Abgötter wurden und Abgötter starben! . .

Chalkol.

Du machst mich über dich erstaunen. Nathan,
Erhört, erhört ist dein Gebet!

Salomo.

Wenn Gott
Der armen Menschen Schicksal kümmert! darf
Ich, so belastet, mich zu ihm denn wenden?
Und kümmert ihn es nicht; was frag' ich denn?

Chalkol.

Ach, Nathan, dein Gebet ist nicht erhört! . .

Salomo.

Mehr, als du glaubst!

Darda.

Sein Zweifel liegt. Nur Einmal
Hub er in ihm sein sterbend Haupt noch empor.

Salomo.

Belastet, wie ich bin, von Schuld! Befleckt
Von Blut! Ein Diener Molochs! Angeklagt
Von Seelen, dort, wohin die Frag' erschallt,
Mein Vater und mein Freund, was soll ich thun?

Nathan.

Den Richter fragen.

Salomo.

Ach, wird er nicht Vater seyn?

Nathan.

Sey du nur Sohn, so wird er Vater seyn!

Salomo.

Ach, kann ichs von mir selbst? Er muß beginnen.
Laß, laß, o Nathan, mich vorm Richter schweigen,
Verstummen laß mich, fragen nicht!

Chalkol.

Wenn dirs
Der Herr nicht sagt, daß du in Frieden stirbst;
So ist sehr ungewiß die Dauer deiner Rückkehr,
Die ohne Das sehr schnell entstand!

Salomo.

Weißt du
Es denn, wie schnell? Bei mir reift Wahrheit langsam;
Doch, reif bricht ihre Wirkung schnell hervor.

Darda.

Ach, Salomo, aus welchen Leiden reissest du mich!

Chalkol.

Was überzeugt dich denn?

Salomo.

Der Weg des Herrn
Mit meinem Vater! und sein Weg mit mir!
Ich kann das ganze menschliche Geschlecht
Vergessen! So viel hat Gott an ihm und mir gethan!

Chalkol.

Und dachtest du in deiner Irre denn
An diese Wege Gottes nicht?

Salomo.

Nicht so,
Wie nun! . . Das eben war die Nacht, die mich
Umgab! Dieß das Gericht, das auf mir lag,
Und daß die Strafe meiner Sinnlichkeit war,
Daß Strahlen mir zur Dämmrung wurden.

Chalkol.

Sag,
Wie ward die Dämmrung denn zu Strahlen wieder?

Salomo.

Ganz weiß ich Dieses nicht. So wenig ich
Ganz weiß, wie ich auf meinen Irrweg kam.

Chalkol.

Das Letzte weiß ich ganz: Du wardst zu sinnlich!
Du flohst daher die Untersuchung, und hattest
Schon gehandelt, als du zur Untersuchung
Umkehrtest.

Salomo.

Schreckenvoll ists, was du mir sagst;
Doch ist es wahr. Vom Ersten weiß ich Dieß:
Mein Zweifel nahm stets zu: Ob, ohne Gott,
Die Geister herrschen dürften, die ich mir
Zu Göttern machte? Da ward Gottes Weg
Mit David und mit mir stets leuchtender
Und strahlenvoller!

Nathan.

Salomo, vergiß
Den Helfer nicht, deß Weg mit uns sich klar
Uns in der Wirkung zeigt; wir sehen nur nicht
Des Wandelns Art.

Salomo.

Erhört ward mein Gebet
Um Weisheit einst; und deins um meine Rettung,
Mein Vater, heut!

Nathan.

Nicht heut erst betet' ich
Für dich.

Darda.

Ach, hättest du Dieß auch erlebt,
Mein Heman. Säume nicht zu lange, Tod,

Daß bald ich geh' und unserm Todten sage,
Was unsre Seel' erquickt.

Nathan.

Laßt, meine Kinder,
Laßt diese Botschaft mir.

Chalkol.

Ach, könnt' ich mich
Auch freun, wie ihr! Da du die Opferknaben
Erwürgen ließest, zweifeltest du da
An deinen Göttern schon?

Salomo.

Noch nicht, wie jetzt.
Die Opfer hätten gleichwohl nicht geblutet;
Wenn nicht der Königinnen Schmach mein Herz
Schnell überwältigt hätte.

Chalkol.

Da du Moloch
Nun fragtest?

Salomo.

Ach, da waren meine Zweifel
Von Neuem schwach.

Chalkol.

Wenn sie's nun wieder würden?

Salomo.

Die Unruh' eines Freundes, der so sehr
Sie nicht zu haben wünscht, erschreckte mich;
Wär' ich nicht ganz zu Gott zurückgekehrt!

Chalkol.

Auf, überzeuge mich und dich, du seyst
Es ganz, und frage Gott!

Salomo.

Kann denn nur Das
Dich überzeugen?

Chalkol.

Wenn du fragst, so seh' ich
Daraus, du seyst entschlossen, Gott dich ganz
Zu unterwerfen! Und nur dieser Entschluß
Beweiset deiner Rückkehr Dauer mir!

Salomo.

Dazu bin ich entschlossen mehr, als je.
Allein ich fürchte mich vor mir, daß ich zu sehr
Erliegen würde, wenn des Richters Antwort
Mir Blut verkündigte. Zwar den Tod der Schlacht,
Der leichter als der Tod des Lagers ist,
Den fürcht' ich nicht. Doch ach, verkündigt Gott
Mir Krieg; ist's dann nicht Zorn, was er verkündigt.

Chalkol.

Du mußt dich Allem unterwerfen! mußt
Gewiß es wissen, daß Nichts kommen kann,
Dem du dich nicht vorher schon unterwürfst!

Salomo (nach einigem Stillschweigen).

So frage denn, mein Vater Nathan, Gott!
Willst du es hier thun, Nathan? Nein, nicht hier.
Hier stand sein Altar, und hier fragt' ich Moloch!

Nathan (indem er aufsteht).

Im Tempel, dicht am Allerheiligsten,
Da will ich fragen.

Chalkol.

Darf Jerusalem
Es wissen, was für dich der Seher Gottes
Dort thut?

Salomo.

Nicht nur mein Volk, erfahren soll's
Erd' und Himmel, daß ich zu Gott umkehre!

Chalkol.

Nicht Darda soll, nicht Nathan! nun will ich
Diese frohe Botschaft David bringen und Heman!
Laßt unsern Vater gehn, laßt Nathan gehn,
Denn jeder Augenblick ist theuer.

Nathan.

Ich gehe,
Mein Sohn! Laß heute mich dich also nennen!
Mein Salomo, den ich auf meinem Arm
Sonst trug, und dich, mein Sohn, Jedidja nannte.
Der warst du und der bist du wieder.

Salomo.

Geh,
Mein theurer Vater! Wär' mir, den du fragst,
Nicht Richter mehr! Ach, wär' er Vater mir!

## Siebenter Auftritt.

Salomo. Chalkol. Darda.

Salomo.

Du hast es gewollt. Nun geht er hin zu Gott!
Was wird die Antwort, wird sie eines Vaters seyn?
Ich war nicht Sohn! Zwar, wo ist wohl der Sterbliche,
Der immer Sohn des großen Vaters war?
Allein bisweilen schwach, und ich! o Unterschied,
Zu fürchterlich für mich! Die kurze Nacht,

Nach der ein Sommertag beginnt, ist so verschieden
Von jener ewigen, auf die kein Tag
Nicht folgt!

Darda.

Ja, weine, Salomo!

Chalkol.

Das thu,
Allein vor allen wart' auf Gottes Antwort
Mit Unterwerfung!

Salomo.

Ach, ihr wißt es nicht,
Mit welcher trüben Angst ich sie erwarte.

Chalkol.

Der Weg des Herrn mit deinem Vater war's
Ja auch, der dich zurück zur Weisheit brachte.
Was fürchtest du daher so sehr?

Salomo.

Verwerfung!
Auch David stürzet mich in diese Furcht hinab!
Auch er! Ach, warum nanntest du mir ihn?

Chalkol.

Nahm deinen Vater denn der Herr nicht an?

Salomo.

Ach, bin ich David? Fiel er, wie ich fiel?

Chalkol (nach einigem Stillschweigen).

Du fragst ja nicht, ob dich der Herr verwerfe?

Salomo.

Antwortet er mir Krieg; verwirft er dann mich nicht?
Daß Gott die Menschen kümmern, zeigt mir David.

Auch Saul! Was zeigt er mehr, den Gott . . Ich mag
Noch Einmal nicht das todesvolle Wort
Ausſprechen!

**Chalkol.**

Wer gerecht aus Stolz ſich hält;
Und, aus Verzweiflung, ſich verurtheilt, Beide
Erkühnen ſich, die Wage ſeines Gerichts
Aus Gottes Hand zu nehmen.

**Salomo.**

Ferner war
Kein Lebender je davon, als ich es bin,
Sich ins Gericht des Ewigen zu miſchen.
Ich weiß, das Sandkorn wog er ab; warum?
Zu bauen eine Wohnung für den Leib,
Der ſterben muß! o, wie vielmehr wägt er
Die Handlungen ab, im großen Reich der Geiſter,
Im Reich, um deſſentwillen alles Dieß,
Die Wohnung und der Leib, geſchaffen ſind.
Und Wer iſt kühn genug zu wähnen: Er kenne,
Wie Gott ihn kennet, ſich? Auch ſelber Der,
Den Stolz nicht hebt und nicht Verzweiflung ſtürzt,
Kennt ſich nicht genug, verkennt ſich weniger nur!
Du ſieheſt, daß ich mich in ſein Gericht
Nicht miſche!

**Chalkol.**

Nun, ſo ſprich denn über dich
Kein Urtheil.

**Salomo.**

Laß mich ſehr, laß wenig mich irren;
Irr' ich drum ganz?

Chalkol.

Ich, der ich dir in Dingen
Des Lebens nie geschmeichelt habe; werd' ich dir
Dann schmeicheln, wenns die Ewigkeit betrifft?
Mehr warest du, und öfter warest du
Der Mann, als David! Doch was ist verschiedner,
Als Dieß! Verworfen werden! und gestraft!

Salomo.

Ich durste vor Begier, den Ausspruch Gottes
Zu hören. Sag, Wer bringt uns Botschaft?

Chalkol.

Ich gehe,
Wenn du gebeutst.

Salomo.

Nein, bleib. Noch ist's nicht Zeit
Warum erscholl denn erst ein Hall der Posaunen
Vom Tempel her?

Chalkol.

Vielleicht, daß Nathan so
Ankündigen ließ, warum er in den Tempel kam.

Salomo.

So wird er auch und muß die Antwort Gottes
Dem Volke feierlich ankündigen.
Mein armes Volk, wenn Blut die Antwort ist!
Zwar auch das meine; doch, um meinetwillen deins!
Was habt ihr mir gethan? Ach, fluchen, fluchen
Wird ihre Seele mir, wenn sie im Tode flieht.
Sie liebten ehmals mich, und konnten's auch.
Nun können sie's nicht mehr. Auf, Chalkol, geh',
Und bring mir Botschaft. Allein vor Kurzem erst
Kam Nathan in den Tempel. Geh du dennoch,

Und bring vom Volke mir, vom Hall der Posaunen,
Von Nathan, bring, wovon du kannst, mir Botschaft.
Doch, Gott antwortete ja sonst David schnell,
Gleich, wenn er fragte. Geh' und eile zurück.

---

## Achter Auftritt.

Salomo. Darda.

Salomo.

Ich seh', ich sehe, wie mit mir du leidest
Und schweigst. Du kannst, mein Darda, nicht mit mir
Empfinden, welche Last mir meine Seele
In grauenvolle Tiefen niederdrückt.
Und wie viel weiter noch hinab, wenn ichs
Nun hören werde.

Darda.

Samml' und fasse dich.
Wer thut's? Thut's denn nicht Gott?

Salomo.

Er thut es! Er thut's!
Ein wenig Stille brachte der Gedanke
In meine Seele mir Allein ihn lieben,
Und fürchten müssen, daß er uns verwirft?
Wer ist der Sterbliche, der, ach! dem Gedanken
Des Schreckens widersteh'? Ihn lieben! Lieb' ich ihn?.
Darf ich so hoch mich heben, Dieß zu glauben?
Und ist es nicht Wahn, wenn ich mein Herz damit
Erfrischen will? Auch dieser Zweifel, ach,
Ist Qual!

Darda.

Du kehrtest ja zu ihm zurück.

Salomo.

Getrennt von ihm gewesen seyn! wie ist
Dieß fürchterlich, wie hat's der bangen Zweifel viel!

Darda.

Ich bin von Denen nicht, die voll von Muth
Bei Andrer Elend sind, und leicht Das halten,
Was sie nicht selber trifft. Dein zweiter Weg
Zu Gott führt dich durch Nacht. Dein erster war
Voll Heiterkeit und ging durch Frühlingsgefilde.

Salomo.

So war er, und von diesem wich ich ab!
Dieß, eben Dieß, daß so der erste war,
Macht mit des zweiten Nacht noch schrecklicher.
Ach, meine Frag' an Gott ist nun hinauf
Zu seinem Thron gekommen. Wer hat sie,
Wer meinest du hat sie hinauf gebracht?
Wer sie am Thron' des Richters ausgesprochen?
Ein Todesengel?

Darda.

Das wird dir die Antwort zeigen;
Erwarte sie.

Salomo.

O, könnt' ich ihr entfliehn!
Doch würd' ich drum der schrecklichen Erfüllung
Der Antwort auch entfliehn?

Darda.

Was kann ich sagen?
Was helfen? Salomo, erwarte du
Deß Ausspruch, der dich sonst geleitet hat.

Und sahest du denn Nathans Freude nicht,
Mit welcher er hinauf zum Heiligthume ging?

Salomo.

Ach, wehe, wehe mir! In welche Thränen
Kann dieses Frommen Freude sich verwandeln!
Schau' ihn nur an. Ein Hauch könnt' ihn ins Grab
Hinunterstürzen. Was wird's für ein Donner thun!

Darda.

Kennt er nicht mehr, als du und ich, die Wege Gottes?
Würd' er sich freuen, wenn sein graues Haupt
Mit solchem Herzeleid zu seinem Grabe
Hinunter solche Thränen bringen sollten?

Salomo.

Besänftige denn dich, o du Herz voll Sturm,
Voll ungestümer Unruh! Denn vielleicht
Irrt Nathan nicht.

---

## Neunter Auftritt.

**Die Vorigen. Chalkol.**

Salomo.

Ach, Chalkol! Aber schweig,
Verstumme lieber. Geh, laßt uns einander
Verlassen!

Chalkol.

Und warum? Noch betet Nathan,
Und noch antwortet ihm der Gott der Götter nicht,
Sobald ihm Antwort wird, verkündigt sie sein Sohn.
Ja, Nathan hieß das Volk, das laut es zu wissen

Verlangte, durch der Chöre Posaunen erst
Stillschweigen. Als sie schwiegen, that's dem Volk
Der Hohepriester kund, weil Nathans Stimme
Zu schwach, gehört zu werden, war. Ich kam
Und fand das ganze Volk im Tempel knien,
Und weil, sie sagten's, heute Molochs Opfer war,
Im Sacke viel und Asch' auf ihrem Haupt,
Und still, so wie es still bei Gräbern ist.
Da, wo den Bund des Herrn der hohe Vorhang deckt,
Am Allerheiligsten, waren Nathans Kniee
Gesunken, und da betet' er. Nicht fern
Von ihm lag Sarja und der Hohepriester.
Ich lief zu Sarja. Dieser sagte mir
Gott schweige noch! .. Ich sprach: Verkündig' es uns.
Das wollt' er, und ich ging.

Salomo.

Gott schweige noch?
Vielleicht, daß im Gerichte gegen mich
Die beiden Seelen ihre Klage noch
Nicht ganz vollendet haben.

Darda.

Welche Seelen?

Salomo.

Der Knaben, die ich heut getödtet habe ...
Ihr saht sie stehn. Wie reizend standen sie
In ihrer Blüthe da und ihrer Unschuld!
Sie wußten kaum, was ihre Mütter weinten.
Und Blumen mußten euch zum Tode kränzen,
Ihr armen Opfer! (Er weint.) Du, des ältsten Mutter,
Du hast schon über mich das Urtheil gesprochen,
Das jetzt im Himmel auch gesprochen wird! ..

Und meine Freunde blenden sich, mit ihnen
Selbst Nathan. Hast du mir die Wahrheit, Chalkol,
Nicht verholen, und mich verschonen wollen?
Verbirg's nicht langer, sprich: Hat Gott nicht geredet?
War nicht sein fürchterlicher Ausspruch, Tod?
Ach, meines Volkes Tod, und, o der komme!
Mein Tod? .. Was ertönen denn des Tempels Hallen
wieder?

Chalkol.

Die Antwort Gottes wird dem Volk verkündigt.

Salomo.

Wohin, wohin entflieh' ich nun vor ihr?
O wärst du, eh' sie kömmt, mir Zuflucht! Grab!

Darda.

Ich seh' schon Volk herab vom Tempel kommen.

Salomo.

Wie gehen sie?

Darda.

Sehr langsam und sehr ernst.

Salomo.

Da ist es, Chalkol! .. Siehe, du hast mich
Dahin gebracht!

Chalkol.

Wär' denn, unprophezeit,
Das, was der Herr beschloß, nicht auch geschehn?

Salomo.

Allein ich, der ich ganz erschüttert bin,
Zerschmettert bin: ich hätte nicht entbehrt
Den kleinen Trost der schwachen Hoffnung auch,
Im Frieden noch zu sterben!

Chalkol.

War es denn
Nicht wichtiger, daß du dich völlig überzeugtest?

Salomo.

Das war ich schon . . . Kömmt Sarja nicht?

Darda.

Zwei Männer
Mit Asch' auf ihrem Haupte kommen.

Salomo.

Kommen
Zu mir?

Darda.

Sie sind im Cederngange schon.

Salomo.

Vielleicht sind sie der beiden Knaben Väter.
Bring dennoch sie herein zu mir.

---

## Zehnter Auftritt.

Salomo. Chalkol.

Salomo.

Ich will
Nun Alles hören! will nun Alles wissen!
Mit seiner Weissagung nicht Nathan nur,
Auch diese Männer sendet Gott zu mir!

Chalkol.

Weißt du denn schon, was, die der Herr dir sendet,
Dir sagen werden?

Salomo.

Zweifelst du denn noch?
O, täusche mich mit dieser Hoffnung nicht;
Sie ist zu schwach.

Chalkol.

Wer Gott sich unterwirft,
Der wartet und entscheidet nichts zu früh.

Salomo.

Dank sey dem Herrn für diese Zwischenzeit,
Für die Erholung, daß die Antwort mich
Nicht wie ein Donner traf!.

Chalkol.

Ach, Salomo,
Mein König und mein Freund, so lieb' ich dich.
Und, wenn du also bleibst, wein' ich mit dir.

---

## Eilfter Auftritt.

Die Vorigen. Darda. Die beiden Männer.

(Sie fallen auf die Kniee.)

Der Eine.

Sohn unsers Davids, theurer Salomo! . .

Salomo.

Wer seyd ihr, Männer?

Der Eine.

Zwei aus Israel,
Aus deinem Volke, die vom Herrn ihr Brod

In ihrer Stirne Schweiß empfahn und ihm
Des Segens danken, sind aus deinem Stamm,
Aus Juda.

Salomo.

Was begehret ihr von mir?

Der Eine.

Wir kommen nicht, o, unsers Davids Sohn!
Dich zu betrüben, nein, nur dir zu danken,
Daß du zu Gott zurückgekommen bist,
Und ihn vor deinem Volk im Tempel öffentlich,
Um Das, was dir und uns zukünftig ist,
Gefragt hast! Auch mit dir, o, unsers Davids Sohn,
Zu weinen. Sieh, ich ging bei Nathan her,
Und fragt' ihn: Soll ich, Vater Israels,
Nur laufen und der Bote seyn? Er sprach:
Kehr' um! Allein mein Bruder lief. Der ist
Mein Bruder hier. Da lief ich auch, und kam
Mit ihm.

Der Andre.

Verkündigt ward, da uns
Die Posaune tönte . .

Salomo.

Schweig!

Der Andre.

Warum, mein Herr und König?
Betrüb' uns nicht! Wir wollten ja dich nicht
Betrüben, kamen ja mit dir zu weinen!
Und wollen, nicht nur wir, auch unsre Brüder,
Noch sieben sind's! auch unser Blut vergießen
Mit deinem Blut, wenn's also kömmt: denn Gott
Schwieg ja, und Nathan kehrt' ohn' Antwort um.

Salomo (er steht auf).

Geschwiegen hat der Herr? Ließ Nathan Das
Verkündigen?

Der Andre.

Ja! Das ließ der fromme Mann
Verkündigen.

Salomo.

Geht jetzt hin in Frieden, ihr Männer
Aus meinem Stamm. Ich laß euch wieder rufen,
Dann soll ein Segen Gottes euer seyn.

---

## Zwölfter Auftritt.

Salomo. Chalkol. Darda. Nathan. Sarja.

Nathan.

Wer geht bei mir vorbei?

Sarja.

Die beiden Männer.

Salomo.

Ich weiß es, Nathan, schon. Der Richter hat
Geschwiegen! Chalkol ward, wie Heman, bleich,
Du bist es auch. Ich brauchte deine Schrecken,
O Chalkol, nicht, nicht deine, Nathan, zu wissen,
Daß ich verworfen bin! Ich bin verworfen!

(Chalkol verhüllt sich.)

Nathan.

Mein Stab ist mir zu schwach. Laß Chalkol mich
Auch halten, Sohn.

(Darda kömmt und hält ihn. Indem will Salomo weggehn. Darda verläßt Nathan und ergreift Salomo bei der Hand.)

Darda (er fällt vor ihm nieder und hält ihn).

Ach bleib! Bei Gott beschwör' ich dich!
Bleib!

Nathan.

Geht er weg von uns?

Sarja.

Er will's.

Nathan.

Verzweifle nicht
An deinem Gott! Mein Sohn! so nenn' ich dich
Nun bis an meinen Tod.

Salomo.

An meinem Gott?
Und wirst du lange Sohn mich nennen? Schnell
Ist oft mein Richter! Aber nenne mich
Sohn bis an meinen Tod.

Nathan.

Reich deine Hand mir her,
Mein Sohn auch dort! (Salomo gibt ihm die Hand.)

Salomo.

Nicht dort! Verworfen, verworfen
Bin ich von Gott!

Nathan.

Du kannst in dieser Nacht
Der Traurigkeit nicht sehn. Entscheid jetzt nichts.

Salomo.

Ist was entscheidender, als dieses Schweigen
Des Ewigen?

Nathan.

Gott hatte genug gesagt.
Erst deinem Sohn, nicht dir, wollt' er das Reich zerreissen!
Gnug war's. Wir hätten, Chalkol, du und ich,
Nicht fragen sollen. Doch, der Herr verzeiht uns Das.

Salomo.

Ich nicht verworfen? Schwieg denn David jemals Gott?
Nur Saul und mir! Allein, was brauch' ich Saul!
Auch dein Verstummen, Chalkol, brauch' ich nicht!
War ich, von meiner Kindheit an, dem Herrn
Nicht lieb? und gab er mir nicht dich? und ward
Ich früh zum Könige nicht von ihm erwählt?
Wie aus Isais Söhnen David, ich?
Gab er mir Weisheit nicht? und Herrlichkeit
Dazu? Vorher ein Herz, das nur um Weisheit bat?
Erschien nicht zweimal mir der Gnädige?
Dann auch dem Volk und mir in seinem Tempel!
Den Salomo, nicht David, bauen durfte!
Und ward, der alles Dieß von Gott empfing,
Ich nicht ein Opferer des Moloch? Ich,
Ich wäre nicht verworfen?

Barda.

Schweigst du ganz,
O Chalkol? und verlässest du uns ganz?
Enthülle, Chalkol, dich, verlaß uns nicht.

Salomo (zu Chalkol)

Verstumme, wie du thust. Doch willst du reden;
So sey's kein Trost!

Chalkol.

Magst du die Wahrheit hören,
So laß mich reden, Darda! Magst du nicht,
Mich schweigen!

Salomo.

Rede, sag' auch du sie mir!
Ich hörte sie von meinem Richter schon!

Chalkol.

Ach, unaussprechlich ist in meiner Seele
Des Mitleids und des Ernstes trübes Gefühl,
Des Ernstes, Salomo, der deine Thaten verurtheilt!

Darda.

Verwund' ihn nicht, mein Chalkol, tiefer noch.

Salomo.

Kann ich's denn tiefer werden? Rede du,
O Chalkol, fort.

Chalkol.

Ich habe genug geredt.

Salomo.

Kann dieser Tag des Schweigens Gottes, er
Ein Tag des Schonens seyn! Sprich, Chalkol, fort!

Chalkol (zu Darda).

Er ist verworfen! . .

Nathan.

Nein, Das ist er nicht!

Salomo.

Ach, Nathan! . . Ja, ich dank', ich danke dir,
Für dieß dein Mitleid, theurer Vater, dir!
Doch überlaß mich meinem Schicksal nur!

Vielleicht ist's nicht der Tod der Schlacht! Ich fühle
Mich sehr ermattet! .. Starb nicht Heman hier,
In meinem Sommerhaus' am Palmenhügel?

Darda.

Da starb er.

Salomo.

Bringet mir den Todten her.
Bringt Heman her! den hab' ich auch getödtet!
Noch Einmal will ich Heman sehn, ich will
Noch Einmal ihn umarmen; neben ihm
Dann sterben!

Nathan.

Folge mir, mein theurer Sohn.
Jetzt mußt du deinen todten Freund nicht seh'n.

Salomo.

So bring', o Chalkol, denn, ach, deren Kinder
Ich tödtete, mir die Mütter all' herauf,
Daß ich, ist's möglich, sie versöhne!

Chalkol (leise zu Darda).

Drei
Nur leben noch. Die Andern sind vor Schmerz
Gestorben.

Salomo.

Redest du geheim? Bring' mir
Die Mütter her! Gehorche, dein König will's!

Chalkol.

Gehorchen will ich gern. Hier kann ich nicht.

Salomo.

Warum nicht?

Chalkol.

Was soll ich antworten, Darda?

Nathan.

Mein Salomo, laß mich dich überzeugen,
Daß Gott dich nicht verwarf!

Salomo.

Das kannst du nicht!
Warum willst, Chalkol, du mir nicht gehorchen?

Chalkol.

Drei leben nur. Die Andern sind schon todt.

Salomo.

Die andern Alle todt? . . Vor Jammer! . . Kehrt
Eure Blicke von mir, ihr starren Augen!
Sehr nah' schaut ihr mich an, sehr nah'! von Thränen
Des Blutes roth, und, ach, vom Tode starr! . .
Und ihr, viel schreckender noch ist Das! o wendet
Auch euer Lächeln weg, ihr sanften Knaben!
Ihr Opfer! . .

Nathan.

Salomo, erhebe dich
Aus dieser Todesangst! Ich kann dich überzeugen!

Salomo.

Mich überzeugen? Hätte dir der Richter
Es offenbaret; alsdann nur könnt' ich's glauben.
Was red' ich? Was ist diese leere Möglichkeit?
Verstummen laß, wie Chalkol thut, auch uns!

Nathan.

Gott hat es offenbaret! . .

Salomo.

Was sagst du mir, mein Vater?
Verstand ich es auch? Was hast du mir gesagt?

Nathan.

Ich sage dir, daß Gott vordem, nicht mir,
Doch deinem Vater David, ihm, durch mich,
Von dir verheißen hat.

Salomo.

Und was, und was?

Nathan.

Heil, Salomo!

Salomo.

O, Gott der Götter! du,
Mein Vater und mein Richter!

Nathan.

Du, nicht er,
So sagte Gott, sollt' ihm den Tempel baun!
Dein Vater wird er seyn und du sein Sohn!
Und wenn du eine Missethat begingst,
Wollt' er, so sagte Gott, mit Menschenruthen
Und mit der Menschenkinder Schlägen nur
Dich strafen! sein Erbarmen nie von dir
Wegwenden, und dich nicht, wie Saul, verwerfen.

Chalkol.

O Gottes Weg! . . Wie wunderbar bist du,
Weg Gottes! . . Wann verhieß der Gnädige das?

Nathan.

Vor Salomo's Geburt.

Salomo.

Ich schweig' und lege
Die Hand auf meinen Mund. Wie kann ich danken?
Mein Vater seyn! . . Mich nicht wie Saul . . wie kann ich danken?

Eh' ich geboren ward! . . Laß (zu Chalkol) schnell Semira
Herkommen und den Korah, wenn er lebt.

(Nachdem Chalkol kurze Zeit weggewesen ist.)

Die Götzenbilder und Altäre zerschmettern?
Hinstürzen Astaroth und Chamos, und . .
Aussprechen mag ich diesen nicht, und selbst
Den Staub, worin die Bilder standen, bedecken
Mit anderm Staube? . . (Er schweigt einige Zeit als unentschlossen still) Nein! Sie sollen stehn,
Denkmale meiner Schuld! so längre Zeugen,
Als wenn ich sie vertilgte! Zeugen auch,
Daß ich zu Gott umkehrte, wenn sie nun
Umwachsen stehn und öd' und opferlos!
Noch heute gebiet's dem Hohenpriester, Nathan,
Soll Aarons Posaun' um diese Bilder
Erschallen, drauf . . Ach Nathan, schnell, gleich jetzt
Erinnr' ich mich, wie schreckst du mich, Erinnerung,
Wie schreckst du mich! Du weißt es Nathan auch,
Du warst bei uns, da, als mein Vater Israel
Versammelt hatte, da er mit den Aeltsten
Vom Bau des Tempels Gottes sprach; ich seh',
Ich höre David noch! Ein bebender Jüngling
Stand ich vor ihm, da sagt' er mir auch Dieß:
Gott untersuchet Aller Herzen! versteht
Das Dichten aller menschlichen Gedanken.
Suchst du den Herrn, so wirst du ihn auch finden;
Verläßt du ihn, so wird er dich verwerfen! . .
Ach Nathan!

Nathan.

Neue Qual sey Dieß dir nicht,
Mein Sohn! Ich wußt' es Alles. Ich und David

Wir liebten dich und hatten's mit einander
Beschlossen, öffentlich dich so zu warnen.
Das wählten wir. Wie konnten wir dir sagen,
Gott würde nicht, wie Saul, auch dich verwerfen,
Wofern du sündigtest? Wenn du nun dieß gewußt,
Und doch gesündigt hättest? Wir liebten dich,
Wir sagten Jenes und warnten unsern Sohn!

Salomo.

Mein theurer Vater, Nathan! . . und auch du
Mein Vater, David! O, ihr Redlichen!
Noch heute, sag's dem Hohenpriester, Nathan,
Soll Aarons Posaune bei den Götzen
Erschallen, dann soll er dem Volke verkündigen,
Was jetzo diese Bilder sind und warum
Sie nicht zerschmettert werden! Darda geh
Zur Mutter, deren erstgeborner Sohn
Geopfert ward! Du, Chalkol, geh zu Der,
Die, jetzo kinderlos, nur Einen hatte!
Und Sarja zu der Dritten, die noch lebt
Von Allen, die der Schmerz getödtet hat!
Versöhnt sie mir! Ach, könnt' es Ophirs Gold!
Das kann's nicht! Segnet, segnet sie für euch,
In meinem Namen nicht! Wie dürft' ich Das?
In Nathans Namen auch. Sie sollen's doch, mein Vater

Nathan.

Mir bricht mein Herz. Was kann ich, Davids Sohn,
Dir sagen? Gott, o segne sie! nicht nur
Von mir, und ihre Thränen trockne Gott
Von ihrem Angesicht!

## Dreizehnter Auftritt.

**Die Vorigen. Semira. Korah.**

Salomo.

Vernehmt, was ich
Euch sagen will. Doch euer Mund sey stumm,
Bis ich euch frage. Königin! Es ist
Kein Opfer künftig mehr bei euern Bildern!
Sag Dieß den Königinnen! Sahst du (zu Korah) etwas
Bei'm Todtenopfer?

Korah.

Nein.

Salomo.

Was hörtest du?

Korah

Ich hörte nichts.

Salomo.

Was schreckte dich?

Korah.

Ich weiß nicht,
Wovor ich mich entsetzt', allein ich ward
Beinah' dadurch getödtet! Ach, Dieß sahst du!

Salomo.

Wie ich frage, schnell gesteh mir oder stirb!
Du wolltest mich betrügen?

Korah.

Ja, ich wollt's.

Salomo.

Was wolltest du mir prophezeihn?

Korah.

Verderben!

Salomo.

Geh

Gleich in dein Haus hinab! Verlaß es nie.
Geschieht's, so ist der Tag dein Todestag!
Geh, Königin und du!

---

## Vierzehnter Auftritt.

Salomo. Nathan. Chalkol. Darda. Sarja.

Salomo.

Dem Allerheiligsten,
Dem Ersten, Hocherhabnen, Gnädigen,
Dem Vater und dem Richter, meinem Gott,
Will ich im Tempel morgen opfern, Nathan!

Chalkol.

Wir schweigen. Wer von uns kann jetzo reden? . .

Salomo.

Mein Vater und mein Gott, wie lang wird noch mein Weg
Zu meinem Grabe seyn? Lang oder kurz;
Laß meine Freunde mir! Nähmst du sie mir, das wär'
Der Strafen härt'ste! . . Doch, wie du gedenkst! . .
Hier schlummert Heman nah. Ein Todtenhaus ist
Mein Haus. Bleib gleichwohl, Nathan, hier und sey,
Wie du es warest, deines Sohnes Führer,
Und leite mich, so weit du mitzugehn
Vermagst, den trüben Weg zu meinem Grabe.

---

# Hermann und die Fürsten.

Ein Bardiet für die Schaubühne.

An den fürstlichen Weisen,

# Karl Friedrich,

## Markgrafen von Baden,

der

nach viel andern landesväterlichen Thaten

vor Kurzem auch

die Leibeigenschaft aufgehoben hat.

## Personen.

Hermann.
Ingomar, Fürst der Cherusker.
Arpe, Fürst der Katten.
Malwend, Fürst der Marsen.
Katwald, sein Bruder.
Gambriv, Fürst der Bructerer.
Flavius, Hermanns Bruder.
Italus, sein Sohn.
Horst, Hermanns Kriegsgefährt.
Theude, Hermanns junger Sohn.
Brenno, Oberdruide der Cherusker.
Libusch, Oberdruide der Katten.
Werdomar, Führer des Bardenchors.
Barden.
Ein gefangener Chazer.
Valerius.
Ein Centurio und andre Römer.
Bercennis, Hermanns Mutter.
Istäwona, } Fürstinnen der Katten.
Herminone, }

Der Schauplatz ist auf einem Hügel an dem Heere der Deutschen, das nah bei dem Lager der Römer liegt.

## Erste Scene.

**Ingomar. Arpe. Gambriv. Malwend. Katwald. Werdomar. Barden. Kriegsgefährten.**

Auf beiden Seiten abgesonderte Rasensitze und Feldsteine. Auf den vordersten sitzen die Fürsten. Bei Ingomars Sitze der Nachtgefährt, bei Hermanns und Malwends, Adler. Hinter den Fürsten Kriegsgefährten. Sie haben kleine runde Schilde, nur Gambriv und seine Kriegsgefährten viereckte, die lang und schmal sind.

Gambriv. Ein volles Horn, Jüngling! Verachtet er unser Siegsmahl, daß er noch immer nicht kommt!

Arpe. Siegsmahl?

Katwald. Hat er denn jemals unsre Mahle verachtet? Er legt es auf irgend etwas Entscheidendes für den Tag an, auf Erleichterung des Blutspiels, Beschleunigung des Sieges, kurz Römertod.

Gambriv. Du meinst, daß er wieder Quellen ins Schlachtthal leitet? Aber dort sind keine in der Nähe, wo sie nun steh'n. Genug, er kommt nicht und verachtet unser Siegsmahl, mein Siegsmahl denn, Arpe! Feldherrnschwert will er wieder zucken, ja, Das will er! aber, bei diesem! Das soll er nicht!

Katwald. Laßt immer Wodan und ihn beschließen. So war es in Winfelds Schlacht, hat mir mein Bruder erzählt. Das Andre wißt ihr.

Ingomar. Die Fürsten rathschlagen und beschließen, die Götter lenken's. So ist es, Jüngling! Wir müssen unsre Berathschlagungen anfangen, wenn er noch immer säumt.

Katwald. Ich höre mit Ehrfurcht, wenn Siegmars Bruder den Ausspruch thut; allein, wenn Hermann (warum soll ich's verbergen, daß ich Hermann zu kennen glaube?), wenn er entscheidet, so ist Das meine Entscheidung auch!

Ingomar. Ich rathschlage mit den Fürsten. Nur Das ist Ausspruch und Entscheidung, wenn wir uns Alle, oder die Meisten von uns, zu Einem entschließen.

Katwald. Wenn Hermann entschieden hat, so steh' ich auf seiner Seite, auch allein!

Gambriv. Bei Tyr und Thorr! du bist sehr demüthig, Katwald!

Katwald. Ich bin so stolz als einer, deß Lanze Feindesblut geröthet hat, und auch darauf stolz, daß mir des guten Urtheils genug ward, meine Kriegseinsicht nicht der vorzuziehen, durch welche der Sieger bei Teutoburg sich Augustus furchtbar machte, und selbst Cäsarn gemacht hätte.

Gambriv. Vorziehn oder nicht! Die Fürsten rathschlagen und beschließen! nicht Er beschließt! Malwend, was dein Bruder doch manchmal für einen Schwung nimmt! Ich glaube, daß er gar, wie sein teutoburger Freund, römisches Griffelgekritzel aufrollt und gehorcht, um der Schwünge noch mehr zu lernen.

Katwald. Ihr Fürsten, warum zieht sich dieß Gewölk unter uns auf? Unser Siegsmahl begann ja so froh. Ich mag dann, wenn Hermann beschlossen hat (er hat und fängt jetzo die Ausführung an), auch deßwegen nicht gern mehr viel rathschlagen, weil ich das kurze Leben, das wir Krieger zu leben haben, gern, so oft ich nur kann, wie den Frühlingstanz um Winfelds Denkmal tanzen möchte. Nun Gambriv, ich bin ja gleich wieder so ernsthaft wie du, so bald das Kriegsgeschrei tönt!

Gambriv. Als ob ich dich nicht in der Schlacht gesehn hätte, und du dann was Anders thätest, als allerhand neue Wendungen des Lanzenspiels erfinden.

Katwald. Und mich däucht doch, daß ich dann ernsthaft genug bin! Wenn du mich gesehen hast, so weißt du, daß ich bei den neuen Wendungen eben nicht fehle. Doch ich streite mit dir über nichts mehr. Denn du lässest mir nicht einmal das Bischen Römertod, das ich etwa getödtet habe. Fröhlich will ich seyn, wie wir die vorige Nacht waren. Da schollen die Brautlieder, die Hörner gingen herum, die Jünglinge tanzten, da war's anders! Ingomar, dürfen die Barden nicht vorher noch ein Wenig singen, eh' ihr die Rathschlagung anfangt, die mich auch deßwegen nicht allzuviel angeht, weil ich mir einbilde zu sehn, welchen Weg sie nehmen wird. Mich däucht, der Verhau um unsern Hügel kann noch nicht ganz fertig seyn. Wenn sich nun eine Römerschlange durch den Strauch heraufschlängelte, ohne zu zischen, uns behorchte, und dann Cäcina Alles erführe, was wir vorhätten?

Ingomar (zu einem Kriegsgefährten). War der Verhau fertig, als du zurück kamst?

Der Kriegsgefährt. Er war noch nicht fertig.

Ingomar. Geh hinunter, laß die Lücken schnell füllen, und unterdeß doppelte Wachen das Gebüsch durchsuchen. Nun, Katwald, bist du jetzt mit uns zufrieden? Laß nun die Barden singen, wenn du willst.

Katwald. Ja, nun, Werdomar, nun dürfen wir wieder singen. (Er singt.)

Die Blumen auf meinem Schilde brach sie selbst für den Kunstmann

Am bildenden Bach, und weilte dort nicht —

**Erst das alte Lied vom Ure, Werdomar.**

(Er singt.)

Sie weilte nicht, und schön ist sie doch, meine junge Braut,
Ist schlank und leicht, und bebt, wie das Reh!

**Zwei Barden.**

Kühnheit ist Göttergabe!
Nichts Edleres gaben sie!
Ueber den Stolzen gossen die Düsen
Verwegenheit in Strömen aus!

Die Jünglinge hatten das Thal gewählt,
Gegraben die Gruft,
Drüber den täuschenden Ast der Tanne gelegt
Für den Waldtyrannen, den Ur!

Dumpf scholl von seinem Brüllen der Forst,
Hoch warf er Erd' empor!
Schon zürnt' er der Ferse der Flüchtigen nach,
Und rannt' in das Thal hinein.

Gemessen sprang den kleineren Sprung
An dem Felsenberg' hinauf
Der verführende Flüchtling,
Dann wieder hinunter ins Thal.

Wüthender stets erscholl es in der Kluft,
Die Jägerin ließ das blutende Reh,
Und klomm in dem Strauche das Gebirg hinan,
Und sah sich bebend um!

Schon war der Tannenast nicht fern
Vom verfolgenden Ur.
Bald gehörte des Besiegten Horn
Dem ersten Lanzenwurf.

Da spotteten die Jünglinge
Der leichteren Jagd.
Sie sprangen den Sprung am Berge nicht mehr,
Und standen umher um den Ur!

Und warfen die Lanzen auf ihn!
Da floß ihr Blut! Sie starben, oder floh'n!
Gewendet brüllte das Thal hinaus
Der siegende Waldtyrann.

Kühnheit ist Göttergabe!
Nichts Edleres gaben sie!
Ueber den Stolzen gossen die Düsen
Verwegenheit in Strömen aus!

Katwald. Ich schüttete Werdomarn die letzte Nacht in meiner Fröhlichkeit einen rohen Gedanken hin. Er nahm ihn und gab ihm Gestalt. Runzle die Stirn, wie du willst, Gambriv! Nach dem Waffenklange ist es Liederklang, was ich am Liebsten habe. Hörest du denn nicht? Nach dem Waffenklange! Nun, runzle nur noch mehr Gewölk zusammen! Ich will sie gar mitsingen, wenn mich meine lieben Barden unter sich leiden wollen.

Werdomar. Als wenn wir auf Fürst Katwald nicht stolz wären!

Gambriv. Waffenklang! Liederklang! Eich' und Strauch! Auf mich seyd ihr wohl eben nicht stolz, Barden?

Werdomar. Das verbietest du uns sehr laut. Desto stolzer sind wir auf die Fürsten der Cherusker, der Marsen und der Katten. Und manchmal tönen selbst die Waffen schneller vorwärts, wenn, wer sie führt, den Flügelschwung des Gesangs hinter sich hört.

Gambriv. Jetzt übertöntest du dich, Barde!

Ein junger Barde. Und den Klang deiner Waffen übertönte der Waffenklang der Römer, als du dir den Adler nehmen ließest!

Gambriv (zu Katwald). Was fällst du mir in die Lanze? Soll Der leben, der mich an den Adler erinnert hat?

Arpe (steht auf). Eh du Barden tödtest, muß Blut der Fürsten fließen!

Gambriv (zu Katwald). Nimm die Lanze. (Zu Arpe.) Auch du kennest mich. Ich gehe, damit ich nicht wüthe.

Arpe. Ich kenne dich. Geh!

Gambriv. Ich lasse den Verhau beschleunigen, Ingomar. Schick' mir die Lanze hinunter, Katwald.

Katwald (zu einem Kriegsgefährten). Bring' sie ihm. Du mußt uns gestatten, Arpe, daß wir Siegeslieder singen. Denn zwei Tage haben wir gesiegt, und heute, oder den estlichen Tag, den die Legionen wieder zwischen Wasser und Strauch auf dem Damme schwanken werden . . Das wird auf euch ankommen, ob ihr dann Hermann nicht hindern wollt, Winfelds Spiele mit Cäcina zu spielen. Warte noch, Werdomar. Ich habe es nun anders vor. Unser Lied wollen wir nicht eher singen, als bis Hermann hier ist. Das Heer liebt die Lieder von Winfelds Schlacht, und hörte jetzt wohl gern Ein's davon; meine Marsen wenigstens und die Cherusker, denk' ich, auch Ingomar.

Ingomar. Immer einerlei Lieder! Das ist niemals unter uns Sitte gewesen.

Katwald. Wenn's denn nicht seyn kann . . Nun Werdomar, so sing' dein Lied von unsern beiden Siegstagen, das du in der Kluft versuchtest, eh' wir hier heraufkamen.

Werdomar. Laß mich mit einem anfangen, das ihr und das Heer durch die Schlacht mit Germanicus so sehr verdient. Barden, stellt euch mehr gegen den Felsen, an dem die Cherusker liegen, daß sie das Lied des Wiederhalls am lautesten hören.

Ein Chor.

Wir streiten nicht nicht mit Romulus Volk
In seiner Kindheit!
Damals legte spottend der Feldherr der Gallier
Gegen des Goldes Last in die Wage sein Schwert.

Denn Sieger blinkten sie mit ihren Lanzen
Dicht an dem lorbeerumschatteten Kapitol,
Sie, mit deren Söhnen Ariovist
In seinen Schlachten gespielt hat!

Alle.

Wir streiten mit Romulus Volk
In seiner Mannheit!
Das Kind versprach und hielt den blutigen,
Ruhmtrunkenen Jüngling, der Jüngling den welterobernden Mann

Zwei Chöre.

Weit umher schweigt um uns, und blickt
Mit thränentrübem Aug' auf die Kette
Der Illyrier, der Gallier,
Der Iber und der Albion!

Und selbst das Volk, deß Blume
In Thermopylä blüht' und sank!
Um uns, der Haine Volk, klirrt weit umher
Die bezwungne Welt.

Alle.

Wir stehn! Und tiefgewurzelt, ein Eichenwald,
Halten wir den stürzenden Strom der Eroberer auf!
Stürzen hören die Tannen und Ulme den Strom,
Und wanken und sinken und werden gewälzt!

Zwei Chöre.

Noch stößt in Minos Reich Augustus Schatten
An Sisyphus Felsen die Stirn',
Und fordert von Varus
Die Legionen.

Der Donnerer des Kapitols nahm aus seiner Hand
Den schnellsten Strahl und sendet ihn uns,
Den edeln Cäsar, Drusus Scipio Germanicus.
Acht Adler trugen Jupiters Strahl.

Aber uns schützet Wodan. Voll der Weisheit des Gottes,
Und von seinem Schilde bedeckt, schlug schon unser Thuiskon Hermann,
Daß erst, da der heilige Mond aufging,
Nach dem langen Flattern die Adler wieder schwebten.

Ein Chor.

Nun theilet der Cäsar sein geschrecktes Heer.
Mit dem Einen eilt er dem sicheren Rheine zu;
Zu ihm wollte durch offnere Wälder
Mit dem Andern Cäcina eilen!

### Zwei Chöre.

Aber in ihrem Fluge gescheucht, ruhn vier Adler
In den offneren Wäldern;
Ihr Flügel sinket; denn die zitternde Klaue
Hält nicht mehr des Donnerers Strahl!

Und hier, wo diesen Göttern des Heers
Wir gebieten vom Fluge zu ruhn,
Hier in dem Hain, würde selber des Donnerers
Strahl erlöschen!

### Alle.

Stirb auf dem Polster, und bald, Tiberius!
Und stoß', ein Schatten in Minos Reich,
An Sisyphus Felsen die Stirn', und fordre von Cäcina
Die Legionen!

Werdomar. Hat denn unser Lied den Liebling der Barden traurig gemacht?

Katwald. Ach, Werdomar, der Illyrier, der Gallier, der Iber, der Albion, der Grieche, und wenn Das unter uns Fürsten so fortwährt, der Deutsche! Doch sing dein Lied von unseren beiden Siegstagen.

Werdomar. Barden, wendet euch gegen die Mitte des Heers.

### Ein Chor.

Seyd gegrüßet, ihr beiden festlichen Nächte,
Da wir halten Siegesmahle!
Euch tanzten voran die Geber der Freude,
Der innigsten, dauerndsten! eure Tage.

Zwei Barden.

Tritt, vom Horn und der Telyn begleitet,
Geführt von dem Gesange,
In die Halle der Unsterblichkeit,
Erster Siegstag!

Ein Chor.

Sie kamen, sie kamen; doch wir waren schon da.
Da wußten sie nicht. Durch engen Weg und ohne Weg,
Eilten wir herzu,
Ueber Felsen, durch Strauch und Sand und Bach und Strom

Auf Einmal erblickten sie
An beiden Seiten voll Blumen den Wald.
Sie standen, und wir sahn über den goldnen Schilden
Bleiche Wangen.

Zwei Chöre.

Hermann stritt.
So stürzt von dem Gebirg' herab
Mit heulendem Sturme der Winterstrom!
Und breitet ringsum aus in dem Thal die herrschenden Wogen!

Hermann stritt. Welcher Gesang vermag Deß Lob, vor dem
In den Hallen Augustus die Söhne der Scipione
Bebten? Ihn singet das Denkmal
Der weißen Gebeine bei Teutoburg.

Ein Chor.

Müde war der Quiriten Heer,
War blutig.
Auf todten Cohorten
Wankten die Legionen

Da schützte sie die Nacht.
Du hattest, o festliche Nacht, des Mitleids viel,
Und nahmest in deine Hülle auf
Die blutigen Legionen.

Die Fürsten kamen zum Siegesmahl:
Hermann kam noch nicht.
Er sah in der Römer Lager die einsamen Feuer sinken
Und ließ vor seinen Cheruskern die Flamme nicht wehn.

Aus der Dunkelheit sendet' er den Römern
Künste des Krieges zu.
Er wandte von der Hügel Höh' die Quellen,
Aus den Thälern die Bäche nach Cäcina.

Zwei Barden.

Tritt, vom Horn und der Telyn begleitet,
Geführt von dem Gesange,
In die Halle der Unsterblichkeit,
Zweiter Siegstag!

Ein Chor.

Die Fürsten stritten. So rollt
Von des Berges Gipfel herab
Die losgerissene Felsenlast,
Und zerschmettert unten im Thal.

Cäcina kamen wir nah,
Ihm sank sein Roß.
Wir kamen, wir kamen so nah des Heeres Göttern,
Daß sie kaum entflohen, geschützt von Fallenden.

**Zwei Barden.**

Wer den jungen Adler sah, des Nestes Erstling,
Der fliegen die Genossen um den brausenden Wipfel lehrt,
Nur Der sah recht den Flammenblick des Marsen,
Und kennet Katwalds Tanz in der Schlacht.

Jetzt rauschen wir es nur hin; bei dem Frühlingsreihn
Wollen wir Katwald singen.
Wenn die Blüthen wehn und die Fürstin schöner wird
An Katwalds Hand, der ohne Waffen tanzt!

**Ein Chor.**

Höret es, Mädchen, und straft es bei dem Maitanz!
(Gambriv kommt zurück.)
Welmar, auf dem Felsen geboren, am stürzenden Bach,
Lüdo, der Sohn des Thals zwischen den Strömen,
Beide Führer der Schaaren;

Wala und Kaimes, der in der Fährte des Urs,
Und der geboren in der Ulme Kühlung, beide Führer der Schaaren!
Floh'n nicht die Flucht der Wiederkehr,
Floh'n todfürchtende Flucht!

Strafet es, Mädchen, bei dem Maitanz!
O hätt' ihm Gewölk die liegenden Schilde bedeckt!
Da die Lanzen noch flogen, die Schwerter noch blinkten,
Stand er und säumt' er und suchte die Schilde!

Wir nennen ihn nicht, der viel zu früh die Schilde las;
Aber ihn nennet das Heer,
Und der Adler. Ach, deckte Das Vergessenheit,
Mit ihrer schwarzen Wolke!

**Zwei Chöre.**

Weinet den Adler! Wir hatten ihm ein Nest
In der offenen Eiche gemacht. Die Bructerer
Ließen ihn fliegen und seine goldnen Genossen
Nahmen ihn auf mit lautem Flügelschlage der Freude.

Weinet den Adler! Er war in der Höhlung der Eiche
Kirr geworden und frohnete
Dem Nachtgefährten, der hoch auf dem Wipfel saß.
Weinet den Adler!

Nicht nur die weißen Gebeine bei Teutoburg sind Denkmal:
Er war Denkmal auch! Gebeine der Sieger,
Die im Kampf um ihn einst sanken, o, sendet
Nicht rächende Schreckengestalten herauf! Wir weinen den Adler:

**Alle.**

Auf des Felsen Haupte sitzet die Weissagerin,
Höret im Thal rauschen den volleren Strom,
Und verkündet, aus seinem Getöse,
Die Zukunft.

Wir horchen hinüber nach der Römer Lager,
Und es schweigt, wie Stille der Gräber.
Wir verkünden, aus ihrem Todesverstummen,
Sieg uns und ihnen Untergang.

**Ingomar.** Es ist ja, denke ich, endlich unter uns ausgemacht, daß die Meisten entscheiden, was geschehen soll und nicht Einer, und daß der Eine, der jedes Mal gewählt wird, der Erste bei der Ausführung zu seyn, sich erinnern müsse, daß die Andern den Hauptgang der Schlacht auch wissen, und er nur bei ihren nicht vorhergesehenen Wendungen zu gebieten habe. Hermann kommt nicht. Es hindert uns nichts, zu rathschlagen. Es ist einerlei, ob er etwas früher oder später sein Wort sage. Ich will mich den Fürsten Deutschlands durch nichts empfehlen; aber Das darf ich laut sagen, daß ich Kriegserfahrung habe. Wenn ihr der Sklaven mehr, und die Beute in einem Haufen bei einander und unversehrt haben, wenn ihr den Römern zeigen wollt, daß ihre Lager sie nicht mehr schützen können, so greift ihr Cäcina in seinem Lager an.

Arpe. So dachte ich gleich, da Cäcina die erste Schaufel ansetzte.

Malwend. Beute ist nicht Ehre!

Ingomar. Sind denn die goldnen Schilde in unsern Hallen etwas Anders, als Ehre? Schmelzen wir sie etwa, wie die Römer es machen würden?

Malwend. Die andre Beute denn. Doch, die Römer die Unsicherheit ihrer Lager kennen zu lehren, Das ist Ehre, und große Ehre! Allein die Ausführung der kühnen Unternehmung?

Ingomar. Du zweifelst an Denen, die schon zwei Tage gesiegt haben? an dir? und an uns?

Malwend. Ich bin nur ungewiß, ob wir's genug verstehn, ein Lager zu erobern.

Ingomar. Was ist denn deine Ungewißheit? Die Ausfüllung der Graben? oder die Ersteigung des Walls?

Malwend. Ob unser Heer in Ordnung bleibt, sich überall unterstützt, bei der Ausfüllung und Ersteigung Geharnischten nicht erliegt, die wissen, daß sie sterben sollen!

Gambriv. Und sterben, so geharnischt sie auch sind! Sagt mir, ihr Fürsten, ob ihr glaubt, daß Hermann für den Lagerangriff seyn wird? Wenn ich es Alles überlege, so seh' ich, daß er es nicht seyn wird. Nun, wohlan denn, Ingomar: Die Beute in einem Haufen und unversehrt! Nur das Eine bitte ich euch: Der Sklaven nicht viel!

Katwald. Die wissen, daß sie sterben sollen! mein Bruder Malwend. Es könnte wohl seyn, daß wir aus andern Ursachen, als die Gambriv im Sinne hat, nicht viel Sklaven machten.

Ingomar. Ich wenigstens, Malwend, so alt ich auch geworden bin, habe es noch nie erlebt, daß ein Marse einen zu behutsamen Entschluß gefaßt hätte.

Katwald. Möchtest du es jetzt an meinem Bruder erleben!

Ingomar. Wenn nämlich Hermann nicht für den Angriff des Lagers ist.

Katwald. Wenn Hermann dafür wäre, so würde ich glauben, daß er sich dießmal von einer Hitze hinreißen ließe, an deren Unterdrückung er oft arbeiten muß.

Gambriv. Arbeitete er gestern auch daran, als er gegen die Römer zu spät hervorbrach und euch verführte (allein konnt' ich nun nichts thun), es eben so zu machen?

Katwald. Zu spät? Doch es geziemt mir nicht, hierüber zu entscheiden. Aber, Gambriv, Das getraue ich mich zu sagen, daß du die goldnen Schilde viel zu früh suchtest! War's zu spät, Arpe, da Hermann angriff?

Arpe. Es war der einzige Augenblick.

Katwald. Du hast es gehört, Gambriv, der Augenblick des Jägers, wenn das Wild gewiß fällt.

Ingomar. Nun, Malwend . . Will sich der junge kühne Fürst der Marsen sondern, wenn es auf nichts Geringeres ankommt, als den Römern Unterricht von der eigentlichen

Beschaffenheit ihrer Lager zu geben? Kühnheit ist die wahrste Klugheit!

Katwald. Und was ist Tollkühnheit?

Ingomar. Wer kann Das immer bis auf die Spanne ausmessen?

Katwald. Wer ein Heer führen will, muß es auf die halbe.

Malwend (zu Ingomar). Wann habe ich mich denn von den Entschließungen der Kühnen gesondert? Katwald! Schlachtordnung und Unterstützung wird durch unsre Schnelligkeit ersetzt. Wir, denen die Klippe gebahnter Weg ist, wir spielen den Wall hinauf.

Katwald. Wer soll denn der Eine seyn, der in der Schlacht bei dem unvermutheten Vorfalle gebietet? alsdann besonders, meine ich, wenn wir geschlagen sind?

Gambriv. Alsdann du!

Katwald. Ich versteh' euch völlig, ihr Fürsten, wenigstens dich, Gambriv! Erst Ingomar! und wenn er gefallen ist, Arpe; hierauf denn doch wohl du? Nach dir mein Bruder; alsdann ich. Ihr bringt dann alle Siegmarn die Botschaft, daß ich es bin. Und nach mir (der Fürst der Chazer ist ein Wenig Verräther und bei Germanicus, denn sonst . .), nach mir also Hermann.

Ingomar. Malwend, dein Bruder läßt gern solche scherzende, leichtfliegende Worte herumflattern. Auch liebt er Hermann sehr. Wir müssen ihm verzeihn.

Katwald. Allerdings verzeihn! und zwar, weil ich nun so blind bin und ihn ohne alle Kenntniß liebe und weil . . (Er steht auf.) Fürst der Cherusker, ich war und bin jetzt viel ernsthafter, als ich dir vorkomme. Ich sagte es und will keine Verzeihung! weil es mir wie ein Wetter in die Seele stürzt, daß die Fürsten Deutschlands, hingerissen durch eine Leidenschaft, deren unedeln Namen ich nicht aussprechen mag, den Befreier des Vaterlandes so sehr verkennen.

Arpe. Du bist jung, Katwald, aber du scheinst dich um die Schlacht bekümmert zu haben, wie man ihr die erste Gestalt gibt und wie man sie, bei dem Vorfalle, in dem rechten Augenblick ändert. Das ist der Katten Werk! Woher weißt du, Marse, es denn?

Katwald. Ich weiß nicht, ob ich die Gabe zu sehn habe; aber Das weiß ich wohl, daß mir's nicht an Gelegenheit dazu fehlt. Denn ich verstehe das Lanzenspiel ein Wenig, und so komme ich hier oder da durch und sehe manchmal etwas; als da wir am letzten Thorrstage mit Germanicus schlugen (die Gäule stürzen uns noch von dieser Schlacht; noch stäubt uns der Schild von ihrem Staube; Alles schwebet mir noch vor den Augen; sie stehen mir noch; sie fallen mir noch!), da wir mit dem stolzen Cäsar schlugen, da hatte ich Gelegenheit.. Allein ich schweige hiervon; denn ich müßte denn doch Hermanns dabei erwähnen, und Das geht ja jetzo nicht an.

Arpe. Diese Schlacht macht ihm Ehre.

Katwald. Einige. Die von Ungefähr, daß wir, ohne sie, jetzt über Cäcina's Schicksal nicht rathschlagen könnten.

Arpe. Ich möchte wohl hören, was du dir für eine Vorstellung von ihr machst.

Katwald. Meine Vorstellung? Sie ist etwa diese, daß sie in gewisser Betrachtung noch mehr das Werk des Meisters ist, als die bei Teutoburg.

Arpe. Deine Vorstellung davon ist nicht klein.

Katwald. Ja, wenn ich recht gesehn habe, so .. Ihr erinnert euch doch noch, es waren acht Legionen, und zahllose gallische Reiter und deutsche Hülfsvölker und alle römische

Turmen kamen voran! und es war Germanicus, der dieß Heer führte! Auch darauf besinnt ihr euch vielleicht: Hermann wollte noch drei Thäler weit in den Wald hineinziehn; aber ihr zwangt ihn, am Walde auf dem Anger stehn zu bleiben, und er mußte sich auf Einmal entschließen, da schon das ganze Schlachtfeld von den Galliern und den Turmen bebte, und hinter ihnen die Adler schon gesehn wurden. Nun kömmt Das freilich, was ich vielleicht nicht recht gesehn habe: Hermann machte, er mit seinen Cheruskern allein, zwei so gutgerichtete und so schnelle Bewegungen, daß er die Gallier auf die Turmen und die Turmen auf die Legionen warf und Germanicus erst, da der Abend schon dämmerte, wieder mit den Legionen stand. Dieß so von Ungefähr ist meine Vorstellung von dieser Schlacht. Wir haben zwar nicht gesiegt, wie die Römer sagen, und vielleicht sagen's auch Einige unter uns, aber gleichwohl gehn denn doch Germanicus und Cäcina nach dem Rheine zurück, und Das noch dazu so ziemlich schnell (nur daß wir Cäcina etwas aufhalten) und so ziemlich lang vor der Zeit der Ueberwinterung.

**Arpe.** Jüngling, warum bist du kein Katte?

**Katwald.** Wärest du weniger stolz, so würde ich wünschen, daß du ein Marse wärst!

---

## Zweite Scene.

### Hermann. Die Vorigen.

**Hermann.** Nun, Dank sey es den Göttern! Es ist, als wenn Wodan oder Mana mit ihren Schilden vor uns stünden, so gut geht Alles! Ungehindert hin und dort und her und nicht einmal gespäht, habe ich's ausgeführt!

Ingomar. Was hast du ausgeführt?

Hermann. O Wodan, bei diesem Schwert! noch nie wagte ich einen solchen Schwur; aber ich bin so voll von Freude, bei diesem Schwert verheiße ich dir's: Cäcina und nach ihm auch Germanicus!

Gambriv. Bei der Fürsten Schwertern hättest du es verheißen sollen. Aber was führtest du aus?

Hermann. Ja, Wodan! nach ihm auch Germanicus! Denn alsdann ist Drusus Sohn mit seinen vier Legionen allein, und die Schatten dieser Viere im Lager drüben schweben mit ihren Schrecken vor uns her!

Gambriv. Aber die Ursach', daß du nicht zum Siegsmahle kamst?

Hermann. Verzeiht, ihr Fürsten, daß ich es noch nicht gesagt habe. Doch auch nur der Gedanke an Wodan und eine Freude, wie meine ist, konnten mich aufhalten. Ich bin mit zwanzig Hunderten auf dem Damme gewesen, den sie nicht vermeiden können, habe dort junge zugespitzte Tannen eingerammt und so den Tod im Sande verscharrt.

Malwend. Ist dieser Weg zu Varus (doch du wirst bald hören, daß es ein Umweg wäre) — ist er lang?

Hermann. Zwei Legionen lang. Ein Umweg, Malwend? Mich däucht, es ist der nächste und einer, der gewiß hinführt.

Ingomar. Du hast nicht allein unser Mahl, sondern auch unsre Berathschlagung versäumt. Wir konnten nicht länger auf dich warten.

Hermann. Mein Vater, du weißt, wie gern ich Mahl und Rath mit euch halte: allein die Ursach', die du gehört hast —

Ingomar. Du hast etwas gethan, das wir nicht nöthig haben.

Hermann. Sage, was du meinst.

Gambriv. Ich will dir's ganz kurz sagen: Sobald die Sonne aufgeht, wird mit Cäcina und den wenigen Uebrigen das letzte Spiel im Lager gespielt.

Hermann. Die Siegsfreude macht, daß du scherzest.

Gambriv. So wie ich im Lager der Römer scherzen will, so scherz' ich.

Arpe. Du schweigst, Hermann?

Hermann. Hast du auch Theil an Dem, was mir noch immer als Siegsfreude vorkommen muß?

Arpe. Die rechte hab' ich mir für die Morgenstunde gespart.

Gambriv. In der Dekuman, meint er, und nicht bei den verscharrten Tannen.

Hermann. Auch der Fürst der Katten?

Ingomar. Und ich auch, mein Sohn.

Hermann. O ihr Götter, Malwend, Malwend!

Malwend. Du weißt, ich liebe dich, Hermann, aber laß uns das Lager stürmen!

Hermann. Und du, edler Jüngling?

Katwald. Ach, Hermann, unser Volk wird für diese Schlacht dir nicht danken können, wie für Winfelds Schlacht. Hermann! ich verlasse meinen Bruder, wenn du uns verläßt.

Hermann. Wodan gebe dir des heiligen Laubes viel, Fürst Katwald! Aber Wen von uns soll denn unser Volk wegen dieser Schlacht am meisten verfluchen?

Gambriv. Mich!

Katwald. Ich kenne Einen, dem es noch mehr fluchen wird.

Hermann. Du denn, Fürst der Bructerer, und du, den ich nicht kenne, sagt mir, warum ihr das Blut eurer Krieger und die Freiheit Deutschlands (ich sage nicht die Ehre, für die wir jetzt nicht streiten dürfen, denn Germanicus meint es ernsthafter mit uns, als es jemals Einer dieser stolzen Eroberer gemeint hat), warum ihr dieses Alles so wenig achtet, daß ihr den ungewissen Ausgang dem gewissen mit dieser Entschlossenheit vorzieht? Ihr schweigt? Wen meintest du, Katwald?

Katwald. Gebeut mir, daß ich Cäcina's Helm herüber bringen soll; so will ich hingehn und sterben! Aber Dieß kann ich dir nicht sagen.

Ingomar. Mein Sohn Hermann, oder Siegmars, wenn du meiner heut' vielleicht nicht seyn magst, die Fürsten haben den Entschluß gefaßt, weil dann weniger Blut ihrer Krieger fließen wird und wegen der Freiheit Deutschlands, auch wegen der Ehre, denn uns schreckt Germanicus nicht, wie dich, haben sie den Entschluß gefaßt, Cäcina und die Legionen im Lager zu vertilgen.

Hermann. Höre mich, mein Vater Ingomar! Du liebtest und du ehrtest deinen Bruder Siegmar. Er war mein Lehrer. Wenn ich mit ihm ging und wir am Quell ausruhten, so bildete er mir Römerlager mit der Lanze im Sande. Er hatte Cäsars Lager gesehn. Cäcina ist ein alter Krieger, wie du. Das Lager, das wir angreifen wollen, ist, wie Cäsars Lager waren.

Arpe. Und in diesem Lager ist?

Hermann. Nicht Cäsar, aber doch Cäcina und vier Legionen.

Ingomar. Die Legionen sind schwach, sie haben viele Verwundete.

Hermann. Auch die Verwundeten fechten in der Wuth, wenn sie sehn, daß sie sterben sollen. Aber todt werden diese Verwundeten seyn, wenn nun der Mangel an Allem die Legionen in wenigen Tagen heraus treibt.

Ingomar. Die Verwundeten und die Unverwundeten haben schon jetzt nichts als Wurzel und Quell. Wir müssen dafür sorgen, daß es nicht zu lange daure bis zu ihrem Mahle bei Pluto. Du bist ja sonst auch für die frühe Ausführung.

Hermann. Aber nicht dann, wenn der Ausgang so ungewiß ist. Diese vier Legionen sind so schwach nicht, als ihr glaubt. Sie müssen sich mit Germanicus, auf den sie stolz sind, wegen ihrer Empörung aussöhnen, und Cäcina denkt vielleicht jetzt, da wir uns so schnell entschließen, eine That, die seinen vierzigsten Feldzug mit Triumph endigen kann.

Malwend. Und wir denken Eine, die ihn mit Tode endigen soll!

Katwald. Ich kenne dich, mein Bruder, und weiß, wie kühn du bist, und ich verdiene auch, dich ein Wenig zu kennen, denn ich seh' es vorn an der Tribunlanze auch gern blinken: aber dennoch wollte ich, daß Hermann Dieß gesagt hätte.

Malwend. Bei den Göttern, ich liebe Hermann und neide ihn nicht, aber ich habe es gesagt!

Hermann. Verzeih' ihm, er war zu sehr mein Freund. Ich möchte nicht gern wider ein Heer fechten, das du führtest; aber desto lieber mit diesem Heere. Es ist gewiß, Malwend, wer es versteht, kühne Thaten recht genau zu beurtheilen, wer sie mit jener scharfen Sonderung unterscheidet, die Dem, welcher sie thut, allein Freude macht . .

Katwald. Verzeih', ich will nur ein Wort sagen. Niemand kennt Fürst Gambriv so genau als ich. Ich kenne ihn bis auf die Bedeutung jeder Stirnrunzel, die er wölkt. Du hast vielleicht die Wolke nicht einmal gesehn, die er über die scharfe Sonderung zusammenzog. Gambriv! wer sich auf kühne Thaten so genau versteht, wie mein Forsthund Snirr den Ur wittert, oder wie Garm die Seele eines Friedfertigen.

Gambriv. Höre, Katwald, mach mich glückselig und stirb nicht in der Schlacht! Hermann, dieser junge Redner hat, ehe du kamst, auch mit den Barden gesungen.

Hermann. Das habe ich auch wohl ehe gethan. Wer kühne Thaten versteht, der setzt uns weit über die gepanzerten und gehelmten Römer. Unsere Schilde sind_nur zu zwei Dingen gut, zu zeigen, daß wir zu kühn sind, und sie gegen die Sonne zu halten, damit wir den Feind ungeblendet sehn können. Der Römer deckt seine geharnischte Brust auch noch mit einem ehernen Schilde. Und wie ist seine stählerne Lanze zum Tode gespitzt! Und außer diesem Allen nun noch unsre Schlachtbewegung, gegen die römische! Die Legion ist sogar über dem Phalanx der Griechen. Er ist eine Hand mit zusammengewachsenen Fingern, sie die nicht mißgeborne Hand!

Gambriv. Unsre Schlachtordnung ist geballte Faust!

Hermann. Im Anfange; aber bald nach dem ersten Blute, als wären dir die Finger abgehauen und zerstreut, und du wolltest doch das Schwert damit führen. Die Römer wissen das Alles sehr gut, ob sie gleich bei ihren Triumphen nicht davon singen. So weit uns also unsre Kühnheit auch über sie erhebt; so müssen wir doch vor dem Triumphwagen mit fort, immer in der Kette mit fort, hinauf zum Kapitol, wenn wir unsre Waldschlacht verachten und im offenen Felde mit ihnen schlagen. Aber Das ist uns nicht einmal genug, wir greifen sie noch dazu in ihren Lagern an!

Gambriv. Gestählt denn, und ehern und spitz und mehr als Phalanx, und was es sonst noch ist! Und doch soll Cäcina mit den Legionen fort, vor unsern Schwertern fort, hinunter zu Cassius und Silanus und Carbo und Manlius und Cäpio und Volers Aurelius, und wie sie Alle heißen, diese Panzerträger!

Hermann. Gut, Gambriv, ich mag ihnen diesen Weg auch wohl zeigen; aber, bei Thuiskon und Mana! er geht durch den Wald.

Ingomar. Du willigest also nicht ein, Hermann?

Hermann. Einwilligen? Wenn ich mein Vaterland nicht mehr liebte, als meine Ehre, so bräche ich mit meinen Cheruskern auf! Horst, habe ich Tenchterer bei mir?

Horst. Du hattest noch keine mit so schnellen Pferden.

Hermann. Laß sie den Adler in einen der heiligen Wälder zu Druiden bringen; aber geheim, daß sonst Keiner etwas davon erfahre.

Horst. Wie weit?

Hermann. Lieber vierzig, als dreißig Meilen.

(Horst geht mit dem Adler.)

Katwald (zu Malwend). Ist dir dein Adler ein Zaunkönig? Bringst du ihn nicht auch in Sicherheit?

Gambriv. Gönne uns doch die Freude, daß er hier bleibe. Siehst du denn nicht, wie er den Schnabel zu Siegsliedern wetzt?

Katwald. Vermuthlich zu deutschen! denn, wie hätten die Römer darauf verfallen können, ihn römische zu lehren?

## Dritte Scene.

### Die Vorigen. Theude.

Ein Kriegsgefährt. Dein Sohn will nun zu dir heraufkommen, wie du ihm befohlen hast.

Hermann. Ihr habt mir diese Nacht, die so freudevoll für mich anfing, in eine sehr traurige Nacht verwandelt. Ihr seht, wie froh ich gewesen bin; denn ich wollte euch bitten, daß ich meinem Sohn schon jetzt, in eurer Gegenwart, die ersten Waffen geben dürfte; und dann sollte er seiner Mutter, die sie bis vor den Triumphwagen erniedrigen werden, Rache beim Schwerte schwören. So heilig war mir diese Nacht! Trag die Waffen zurück und laß den Knaben nicht kommen.

Katwald (zu dem Kriegsgefährten). Bleib'. Ihr Fürsten, könnt ihr's aushalten, daß Hermann diese Freude . .

Arpe. Halt Arpe nicht für deinen Feind, weil er anderes Entschlusses ist, als du. Ich bitte dich, laß den Knaben kommen.

Malwend. Ich bitte dich nicht, Hermann; aber du hast gesehn, daß mir eine Thräne herunter gestürzt ist.

Ingomar. Laß Siegmars Enkel kommen, Hermann.

Hermann. Was soll ich nun dem Knaben sagen? Es war in einem Taumel der Freude, daß ich ihm zu kommen befahl. Die Götter wissen's, wie schwer mir nun mein Herz von dem Schicksale meines Vaterlandes ist.

Katwald. Hermann, laß ihn kommen! Ich will mit ihm reden. Guter Alter, leg' die Waffen hier auf die Seite, daß er sie nicht sehe, wenn er kommt. Er weiß es doch nicht, daß ihm sein Vater die ersten Waffen geben will?

Der Kriegsgefährt. Er weiß es nicht.

Katwald. Nun leg' die Waffen dort hinter den Stein, und führ' ihn herauf. Ist er weit von hier?

Der Kriegsgefährt. Ich hab' ihn schon durch den Wasserbusch gebracht. Er steht unten am Hügel. (Er geht.)

Hermann (der sich auf seinen Schild lehnt). Dieß ist der Schild, den mir seine Mutter gab. Wenn ihr Mitleid mit unserm Volke habt, ihr Fürsten, so laßt uns dann schlagen, wenn der Ausgang nicht so ungewiß ist, als er heute seyn wird.

Gambriv. Mit dir also sollen wir kein Mitleid haben?

Hermann. Von dir verlange ich selbst gegen meinen Sohn kein Mitleid.

Theude (der auf Hermann zuläuft und ihm das Schwert küßt). Mein Vater, sind Das die Fürsten Deutschlands?

Hermann. Unsern Ingomar kennst du.

Theude (er küßt Ingomarn den untersten Theil der Lanze). Ja, mein Vater, der Bruder meines lieben alten Siegmars, der schon todt ist und den ich nicht gesehn habe.

Ingomar. Dieser Knabe erinnert mich an sehr alte Zeiten. Damals sah Siegmar völlig wie er aus.

Hermann. Mein Sohn, dieser ist der Fürst der Katten.

Theude. Ach, mein Vater, Arpe! der Fürst der Katten! Fürst der Katten! (Zu Arpe.) Verzeih' mir, daß ich vor dir zittre! Ihr seyd so berühmt und ich trage noch keine Waffen!

Arpe. Küss' mir die Lanze nicht, mein Sohn. Da ist mein Schwert! Wodan mache dich zu einem Krieger, wie dein Vater ist.

Hermann. Mein Sohn, der Fürst der Marsen.

Theude. O, Malwend, Malwend! der den Adler hat! Du lächelst mich so an! Was soll ich küssen? die Lanze oder das Schwert?

Malwend. Erst sollst du mich küssen, Hermanns und Thusneldens Sohn!

Theude. O, nenne mir meine Mutter nicht, sonst muß ich weinen. Sie ist bei den Römern, und mein Bruder Thumeliko auch.

Malwend. Weine nicht. Sie werden nicht immer da seyn. Was willst du nun küssen? die Lanze hier, wo sie blinkt? oder das Schwert hier vorn?

Theude. Beides, Beides, edler Marse, der den Adler hat!

Gambriv. Mich gehst du vorbei?

Hermann. Warum soll ich dich nicht vorbeigehn?

Malwend. Ich muß deinen Sohn noch ein Mal umarmen, Hermann.

Theude. Ach, Malwend!

Katwald. Aber gib mir ihn auch. Ich hab ihn doch noch lieber als du.

Theude. Und Wer bist denn du?

Katwald. Ich bin Katwald. Aber du kennst mich nicht.

Theude. Ich kenne dich wohl! Du bist Malwends Bruder, der junge, kühne Fürst Katwald, der schnell wie der Pfeil ist und sanft wie die Blumen.

Hermann. Gib du sie ihm. Ich bin durch zu Vieles gerührt. Es ist Alles schwarz um mich!

Katwald. Aber du doch wenigstens Eins.

Hermann. Mach' mit mir, was du willst.

Katwald. Stelle dich in die Mitte der Fürsten, Theude.

Theude. Weißt du meinen Namen, Fürst Katwald?

Katwald. Werdomar! (Dieser winkt einem Barden und der sängt die Melodie des Waffenliedes an.)

Theude. Mond und Erde und Hain und alle meine Rehe! was ist Das? Sie wollen das Waffenlied singen und ich steh' in der Mitte der Fürsten!

Katwald. Bring' seinem Vater das Schwert deines Zöglings und meinem Bruder den Schild. Gib mir die Lanze.

Theude. O, meine Mutter, wärest du hier! Schwert, Schild und Lanze sind klein. Sie wollen mir die ersten Waffen geben!

(Der Kriegsgefährt umgürtet ihn.)

Hermann. Führ' es wie Siegmar, mein Sohn!

Theude. Du siehst mich so ernstvoll an, mein Vater, und ich freue mich doch so.

Hermann. Das Schwert ist es auch.

Theude. Ich habe dich wohl eh' voll Ernstes gesehn, aber dann war's doch anders.

Malwend. Liebe dein Vaterland!

Theude. O, die Blumen auf dem Schilde, die sind doch noch schöner, als wenn die Bräute den Frühlingsreihn tanzen.

Katwald. Und diese Lanze, blinkt sie dir genug?

Theude. Ach, Katwald, du lieber Fürst Katwald! Ich weiß nicht, wo ich vor Freuden hin soll. Muß ich hier noch stehn bleiben?

Katwald. So lang, als die Barden singen.

Zwei Barden.

Mana, Mana! er nahm das Schwert!
Schatt', o Eich', und flamm', Altar!
Bekränze dich, Braut,
Gebier, o Mutter, und säug' in Ruh!

Thuiskon, Thuiskon! er nahm den Schild!
Schatt', o Eich', und flamm', Altar!
Bekränze dich, Braut,
Gebier, o Mutter, und säug' in Ruh!

Er nahm die Lanze, Mana! Thuiskon!
Schatt', o Eich', und flamm', Altar!
Bekränze dich, Braut,
Gebier, o Mutter, und säug' in Ruh!

Einst saugt sie dem Säugling die Wunde.
Schütze, Gewaffneter, schütze sie!
Lanz' und Schwert sey, wie der Fittig des Adlers, schnell,
Wie die Klaue, voll Bluts!

Viel spüle des Blutes der Bach weg, wenn am kühlenden Abend
Das triefende Reh zum Siegesmahle stürzt;
Die Harfe des Barden dankt; mit der Sonne der Streiter
Leben untergeht, mit dem Monde die Seelen aufgehn.

Wodan, Wodan! bewaffn' ihn Wodan!
Auch mit Weisheit und Kühnheit!
So wächst der Wipfel der Freiheit hoch und sie währt,
Wie die Eich' und ihres Sprosses Sprößling!

Theude. Ach, mein lieber Vater!

Hermann. Was nun folgt, ist noch ernsthafter. Denn du sollst bei dem Schwert schwören, deine Mutter zu rächen!

Theude. Das soll ich? Ja, das will ich! Ich will es, Wodan! ob ich gleich zittre. Ihr Fürsten, ich zittre vor Freuden.

Hermann. Tritt wieder in die Mitte, mein Sohn. Leg' die Lanze nieder, zieh' dein Schwert und halt's in die

Höh'. Habt Mitleid mit seiner Mutter, ihr Götter! Sprich mir nach, was ich dir vorsage. Bei diesem Schwert, o Mana! . .

Theude (er wirft schnell sein Schwert weg und reißt seinem Vater das Schwert von der Seite). Wenn ich's ausführe, dann hab' ich ein Schwert wie deins ist!

Hermann. Mein Sohn!

Arpe. Welch ein Knabe!

Katwald. Schwöre, schwöre! du wirst es halten!

Hermann. Bei diesem Schwert, o Mana! verheiße ich dir zu rächen . .

Theude. Halt' ein wenig inne, mein Vater. Ich kann jetzt nicht reden.

Hermann. Bei diesem Schwert, o Mana! verheiße ich dir zu rächen die Schmach meiner Mutter Thusnelda! — den stolzen Triumphwagen! — die klirrende Kette! — durch Römerblut! — durch viel Tyrannenblut! — durch Säuglingsmörderblut! — durch das Blut ihrer Feldherrn! — Gib mir das Schwert.

---

## Vierte Scene.

### Die Vorigen. Brenno.

Brenno (zu dem Druiden, der ihn führt). Führe mich besser! Ist er hier? Laß mich nicht so fehl treten. Ist er hier?

Hermann. Ach, mein Vater Brenno, wo kömmst du her?

Brenno. Nun, so bist du denn hier. Ich habe nicht durchkommen können! Schon lange habe ich hier seyn wollen; aber die reißenden Regenbäche und mein Alter und daß mir der Tag nicht mehr leuchtet! Ich habe bei den Siegern seyn wollen. Das ist die Zweite! Ja, die Sieger haben Wodan mit mir opfern sollen. Und nun geschieht es ja auch. Nun, so bist du denn hier. Deine Hand, mein Sohn Hermann, denn ich kann dich nicht sehn!

Hermann (er umarmt Brenno). Ach Brenno! du Freund meines ehrenvollen Vaters so lange; und meiner auch so lange, schon seit meinen ersten Waffen! mein Lehrer, mein Führer durch That! Er ist todt, dein alter Freund, und ach, er . .

Brenno. Klag' ihn nicht! Er ist in Walhalla, und hat jetzt gute Botschaft von uns.

Hermann. Ja, Brenno, drei meiner liebsten Kriegsgefährten sind zu ihm hingegangen.

Brenno. Komm her, du guter Hermann, du edler Sohn meines alten Freundes, daß ich dich noch ein Mal umarme! Nun, Thuiskons und Mana's Glück zu deiner neuen Teutoburgschlacht! Hat Cäcina seine Botschaft auch schon hinuntergebracht?

Hermann. Ihr Fürsten, ich kann es ihm nicht länger verbergen! Ich bin im Elend, Brenno! Wir können sie vertilgen, und die Fürsten wollen sie nicht vertilgen, Brenno! Verzeih mir, daß mir die Thräne herunterstürzte!

Brenno. Tröste dich, ich habe dir nichts zu verzeihn. Da die Thräne dir floß, da floß Römerblut! Aber was sagtest du sonst noch? Ich verstand dich nicht.

Hermann. Sie wollen Cäcina zu Germanicus entkommen lassen.

Brenno. Ich versteh' dich noch nicht. Du willst mich alten Mann mit zu viel Freuden überhäufen, darum sagst du mir so Etwas, und hernach soll ich es viel anders hören!

Hermann. O, wenn Das wäre! Aber die Fürsten ekelt vor unsrer Waldschlacht, vor Siegmars Schlacht, vor der Schlacht ihrer Väter! Sie wollen dem alten Krieger Cäcina sein festes Lager stürmen!

Brenno. Also ist es!

Ingomar. Ja, Brenno, eh' der Mond aufgeht, sollst du Wodan unter den Leichen der Ueberwundenen im Lager opfern.

Brenno. Nur Wodan weiß, wann und wo wir ihm opfern werden, und nicht ihr! und nicht ich! Auch Das weiß ich nicht, wie ihr schlagen müßt; aber doch frage ich euch: habt ihr diese beiden Siegstage durch die Waldschlacht gesiegt? oder habt ihr ein Lager erobert?

Arpe. Heut Dieß! morgen Das! Das Blutspiel hat vielerlei Würfe!

Brenno. Wodans Schild auch! und manchmal fällt Tod heraus. Bist du denn nicht Feldherr, Hermann?

Gambriv. Die Fürsten sind Feldherrn, Druide!

Brenno. Und Cäcina Sieger! Ach, ihr Götter, nun versteh' ich sie ganz, die Fürsten! Ich bin alt, mich hat schon oft verlangt, zu Siegmarn hinzugehn; aber unsre kühnen edlen Jünglinge, die diese beiden Tage nichts als Varus gedacht haben! unser ganzes Volk, welches weiß, daß es noch niemals Einer dieser schwindelnden Eroberer so blutig ernsthaft mit uns gemeint hat, als dieser Germanicus, dieser Cäsarssohn, den uns Tiberius mit acht Legionen zusandte!

Ein Hauptmann. Deine Fürstinnen sind nun endlich angekommen.

Arpe. Führe sie herauf. Wo sind sie?

Der Hauptmann. Sie haben deine Erlaubniß vermuthet. Sie sind in der Nähe. (Der Hauptmann geht.)

Gambriv. Weissage uns, Druide, wie der Cäsarssohn seinen Ernst fortsetzen wird.

Brenno. Ihr macht mir das Weissagen sehr leicht. So höret denn, was ihr euch selbst sagen könntet, wenn ihr die Dinge ansehn wolltet, wie sie sind. Wofern Cäcina entkömmt, und ihr auch dann Hermann hindert, mit den Römern zu schlagen, wie der Deutsche allein mit ihnen schlagen muß: so kann und so wird die Rache des Cäsars noch fürchterlicher seyn, als wir sie erwarten mußten, da er kam. Denn nun hat er nicht nur Varus zu rächen, sondern auch sich selbst. Acht Legionen geschlagen! Sind sie es etwa nicht? und ist er vielleicht dem Rheine nicht zugeflohn? Und acht Legionen, die er durch den Anblick der Unbegrabenen bei Teutoburg entflammt hatte! Und jetzo diese quälende Unruh', was das Schicksal der vier Legionen seyn werde, von denen er weiß, wo sie sind und von Wem sie (denn meint ihr etwa, daß er auch an euch denkt?) von Wem sie umringt sind! Ihr sehet doch, daß es der Rache des Cäsars nicht an Nahrung gebricht fortzuglühn? Wann wird sie enden, diese schreckliche Rache? und womit? Denn ihr lasset gewiß nicht ab, Hermann zu widerstehn! Nur Eins kann uns Rettung seyn. Die Fürsten Deutschlands haben sich dem Neide gegen Hermann verwünscht. Dem gleichen Neide gegen Germanicus, eben diesem Scheusale, verwünsche ich dich, — und nicht umsonst, denn du bist mir bekannt, — dich, großer Imperator in Rom, damit du den Cäsar mitten aus seinen Siegen zurückrufst und wir durch diese unsere einzige Rettung gerettet werden!

## Fünfte Scene.

**Die Vorigen. Istäwona. Herminone. Libusch.**

(Herminone hat Bogen und Köcher. Die Fürsten senken die Schilde bei der Ankunft der Fürstinnen.)

Arpe. Ihr habt lang gesäumt. Meint ihr etwa, daß wir jetzt mit den Römern ohne Wunden schlagen? Den ersten Tag war's dicht daran, daß mir euer Beistand sehr würde gefehlt haben.

Istäwona. Das bebende Reh, deine Tochter, hat mich so lange aufgehalten.

Herminone. Verzeih mein Vater, ich fürchtete . .

Arpe. Und was? Wende dich weg, wenn's an den Lanzen blutet.

Herminone (leiser, indem sie nach Hermann sieht). Meine Mutter, wer . . (zu Arpe.) Die Lanzen sind es nicht, was ich am meisten fürchte.

Arpe. Und was ist es denn?

Istäwona. Vielleicht die Romulus und Remus auf den Helmen.

Herminone. Auch Die nicht, meine Mutter; aber der Triumphwagen!

Katwald (zu Hermann leiser). Die Fürstin ist kein so furchtsames Reh; denn Diesen dürfen wir nun auch fürchten.

Istäwona. Sie wäre gar nicht gekommen, hätte sie nicht eine so große Begierde gehabt, Fürst Malwends Adler zu sehen.

Herminone. Den Adler? Fürst Hermanns Adler denn! Meine Mutter, ich wollte unsere Krieger für ihr Vaterland streiten sehn, Das wollt' ich! (Leiser.) Aber sage mir, wer von ihnen ist Hermann?

Istäwona (zu Malwend). Fürst Hermann, reiche ihr deinen Adler, daß sie ihn recht besehen kann.

Theude. Mein Vater, heißt denn Fürst Malwend auch Hermann?

Herminone. Bist du Thusnelda's Sohn?

Theude. Der bin ich und ich habe heute meiner Mutter Thusnelda Rache bei dem Schwerte geschworen, bei meines Vaters Schwert und nicht bei diesem kleinen!

Herminone. Das war eine edle Thräne, die dir wegstürzte, Hermann! Glücklicher war ich nie, als heute, da ich endlich den Befreier des Vaterlandes sehe.

Arpe. Herminone.

Herminone. Ich versteh dich nicht, mein Vater.

Arpe. Ich sage dir, daß du eine Kattin bist!

Hermann. Ich danke dir, Herminone. Ja, Wodan ließ mir meine Stirn heiß glühn und mein Herz laut aufschlagen, daß ich mein Vaterland retten konnte! Dir, Arpe, könnte ich antworten, daß ich ein Cherusker bin; aber laß uns so nicht reden, edler Vater dieser edeln Tochter. Wir sind Deutsche.

Arpe (steht auf). Gib mir deine Hand, Hermann. Du bist deiner Schlacht werth!

Istäwona. Aber ist denn hier Streit gewesen? Um der Götter willen, euer Streit ist Leben der Tyrannen!

Herminone. Unsere Jünglinge machten einen Chazer zum Gefangenen. Sie wollten ihn tödten, ich rettete ihn noch. Er hat vor Kurzem Thusnelda gesehn. Er steht am Eingange.

Ingomar. Der Chazer soll herauf kommen.

Theude. Der liebe Mann hat meine Mutter gesehn!

Herminone. Freut dich Das eben so sehr, als dich deine Waffen freun?

Theude. Eins würde mich noch mehr freun, als selbst meine Waffen, ach das Eine, wenn ich sie selbst sähe!

Ingomar (zu dem Chazer). Wo kommst du her?

Der Chazer. Von Germanicus.

Ingomar. Wo willst du hin?

Der Chazer. Zu Cäcina.

Ingomar. Willst du es sagen?

Der Chazer. Nein!

Ingomar. So mußt du sterben!

Der Chazer. Das mag gerecht seyn oder nicht, so machst du es doch, wie du willst, und also habe ich dir weiter nichts zu sagen.

Ingomar. Werde dadurch wieder ein Deutscher, daß du uns deine Botschaft sagst. Nur Dieses kann dich retten und mehr als retten, denn ich will dich belohnen.

Herminone (zu Hermann). Warum sprichst du nicht von Thusnelda mit ihm?

Hermann. Das Andre geht vor.

Der Chazer. Ingomar, seit wann ist oder wird man ein Deutscher durch Treulosigkeit?

Hermann. Wie lange bist du bei den Römern?

Der Chazer. Seitdem wir ihre Hülfsvölker sind.

Hermann. Die Fürstin Herminone hat mir gesagt, daß du Thusnelda vor Kurzem gesehen hast.

Der Chazer. Ja Hermann, ich habe deine edle Fürstin gesehen.

Hermann. Wann?

Der Chazer. Im Anfange dieses Feldzuges. Sie wußte nicht, daß wir Chazer den Römern hülfen und sie glaubte, daß ich dich sehn würde, und ich sehe dich ja nun auch.

Hermann. Schweig! (Zu Herminone.) Ich mag ihn nicht fragen! Eins nur: Lebt mein Sohn?

Der Chazer. Er lebt.

Theude. Mein Vater, o frag' ihn doch auch nach meiner Mutter.

Hermann. Kaum kann ich, mein Sohn! Fürchtest du die Antwort nicht auch? Wie begegnen sie ihr?

Der Chazer. Sie wohnt auf dem Lande und sieht Wenige. Wer zu ihr kommt, begegnet ihr mit Ehrerbietung.

Hermann. Du hast mein Herz erluftet! Hast du sie weinen gesehen?

Der Chazer. Nein! aber sie sieht sehr bleich aus und viel anders als zu Varus Zeit.

Hermann. O Hertha! meine Thusnelda!

Theude. Ach, meine arme Mutter!

Hermann. Trägt sie einen Dolch?

Der Chazer. Sie hat weder Jagdspieß noch Dolch noch sonst etwas zum Gebrauch. Ihr Wort, da ich wegging, war: Sag' Hermann, daß ich wie die Blume am Bache blühe! Nein, sage Das nicht; sage ihm, wie es ist, daß ich wohl nicht lange mehr leben werde! Sage ihm, er soll um meinetwillen nichts thun, was er sonst nicht thäte. Aber er liebt ohne Dieß, und muß sein Vaterland mehr lieben als mich! Sage meinem Hermann, sage dem Streiter für die Freiheit Deutschlands, daß ich ihn nie vergessen werde!

Theude. Du guter Mann!

Der Chazer. Daß er aber, wenn er bittere Stunden hat, sie nicht durch mein Andenken sich noch bitterer machen soll, sondern sich dann nur seiner Thusnelda erinnern, wenn er des Tyrannenblutes so viel vergießt, daß sie keine Triumphe halten können!

Theude. Mann, du sprichst wie ein Gott!

Der Chazer. Denn alsdann werden mich die hohen Römerinnen nicht vor dem schrecklichen Todeswagen sehn!

Hermann. Geh, ich halte es nicht mehr aus! Laßt ihn noch leben.

Ingomar (zu einem Kriegsgefährten). Sage zu den Jünglingen, daß er noch nicht sterben soll.

Hermann. Weißt du auch, Herminone, wie Thusnelda vor dem Cäsar stand, da sie ihm Segest übergab, er, nun nicht mehr allein der Verräther seines Vaterlandes, sondern auch ihr Verräther? Unter den hohen Fürsten stand sie, aber meines Sinnes, nicht seine Tochter, sondern mein Weib, zu stolz um zu weinen, kein bittender Laut; den Feuerblick (ach, ich kenn' ihn wohl) auf den schwangern Leib, auf ihr ungebornes Kind, das nun schon Sklav war! Herminone, und zu diesem Allen nun noch der schreckliche Todeswagen! Herminone! jenes Mitleid, durch viel des Tyrannenbluts den stolzesten aller Verhöhnungen, den Triumphen Einhalt zu thun durch unversiegende Wunden ohne Zahl, durch Todeswunden ohne Zahl — das Mitleid werden heute die Führer unserer Heere mit ihren Fürstinnen nicht haben!

Herminone. Ich versteh' dich nicht.

Hermann. Wir wollen nicht mehr davon reden.

Iftäwona. Ich aber will das fürchterliche Geheimniß wissen.

Gambriv. Das Geheimniß ist kurz dieß: Wir wollen die Römer in ihrem Lager vertilgen, und Hermann will mit ihnen noch im Walde herumziehen.

Katwald. Ja, Das will er und zwar so, wie er einst auch herumzog und dadurch machte, daß sogar ein Triumph über andere Völker, Tiberius illyrischer, aufgeschoben ward!

Herminone. Also ist Hermann nicht Feldherr? O wäre ich bei meinen Rehen geblieben! denn nun seh' ich ihn gewiß, den schrecklichen Todeswagen!

Istäwona. Willst du dich denn niemals erinnern, daß du eine Kattin bist?

Herminone. Soll ich es etwa schon vergessen haben, daß ich kaum entrann, da wir Katten uns jüngst überfallen ließen, und die Römer Knaben und Greis, Kind und Mutter tödteten, und die Jünglinge nur durch Schwimmen vor dem Würgen sich über die Eder retten konnten?

Istäwona. Komm! Bercennis lud uns zu sich ein. Wir können nicht länger säumen!

Herminone. Wenn du nur erst vor dem Lager der Römer vorüber wärst, meine Mutter! Es ist doch so nah', so nah' und sie haben das Auge und den Schwung des Falken, wenn sie Triumphbeuten, wie du bist, auflauren. Dazu wird ihnen durch deine Fackeln der Blick geschärft.

Istäwona. Wachst du oder träumst du? Komm!

Herminone. Ich weiß so gut wie du, daß ich träume; aber Träume haben Bedeutung und oft schreckliche.

(Sie geht schnell voran. Istäwona und Libusch folgen.)

Hermann. Ich unterwerfe mich eurer Entscheidung. Aber gestattet mir, nur noch Etwas zu sagen, so wenig ich auch glaube, daß es euch bewegen wird.

Gambriv. Wir gestatten's, allein sey kurz!

Hermann. Was duldet, wer ein Mann ist, nicht wegen des Vaterlandes! Fahr' du fort, mir zu begegnen, wie du thust, aber höre. Cäsar hatte kaum sieben Tausend. Er machte sein Lager noch kleiner, als für diese Zahl. Die Thore schloß er, dem Scheine nach, durch gehäufte Rasen, und auf dem ungewöhnlich hohen Walle ließ er nur wenig Wachen herumirren, Alles in der Absicht, daß er sechszig tausend Galliern desto verächtlicher würde. Diese ließen sich durch Cäsars verstellte Furcht zum Angriffe verleiten. Aber, nun brach er auf ein Mal aus allen Thoren hervor, tödtete und zerstreute so rasch, daß die wenigen Fliehenden die Waffen wegwarfen, um nur zu entkommen.

Gambriv. Das magst du wohl in dem Fabelbuche von Cäsars Thaten gefunden haben. Denn er spielte, höre ich, manchmal mit dem Griffel und soll das Fabelbuch selbst geschrieben haben.

Hermann. Woher ich es wisse, daran liegt nichts, aber Alles daran, daß Cäcina Schritt vor Schritt Cäsarn nachfolgt. Ein engeres Lager, als vier Legionen haben müßten, Rasen in den Thoren, auch fuhren sie noch spät in die Nacht mit Erhöhung des Walles fort.

Ingomar. Vier Legionen? Versteh' ihn nur recht, Gambriv. Er rechnet eine ziemliche Anzahl Kohorten mit, weil sie noch nicht begraben sind.

Hermann. Meine Kriegsgefährten haben scharfe Augen, ich befehle sehr bestimmt und weiß sehr genau, wie stark die Legionen noch sind.

Malwend. Aber sind wir denn Gallier?

Hermann. Sey gerecht, wie der Deutsche stets war, und verachte ein Volk nicht, das ehemals Krieger hatte, wie wir sind, und das jetzt im Elend ist.

Malwend. Wie wir?

Hermann. Das selbst zu der Zeit, da es diese Krieger

nicht mehr hatte, sich vom Joche loszuarbeiten strebte, und in der blutigen Arbeit sogar Cäsarn furchtbar ward.

Malwend. Ich war ungerecht.

Hermann. Ueberdas verstehn die Gallier den Lagersturm besser als wir. Dieß macht die Sache von Ungefähr gleich.

Arpe. Und die Feldherrn der Gallier, die damals fochten?

Hermann. Ich kenne sie nicht.

Gambriv. Uns kennest du denn doch!

Hermann. Wer weiß, wie du, Arpe, Was ein Feldherr ist? Aber wird gleichwohl unser Heer selbst dich noch sehn, noch hören, wenn auf ein Mal aus allen Thoren nichts als Lanze und Schwert hervorbricht, Derer hervorbricht, von welchen es eben erst noch glaubte, daß sie sich lieber in die Erde vergraben möchten, als schlagen? Ein so schleuniger Umsprung der Sachen pflegt die Traumsieger auf schreckliche Art zu wecken! Mit Diesen endigt es selbst dann schlimm, wenn sie in den gewähltesten Gegenden der Waldschlacht fechten: wie muß es nun vollends mit ihnen bei Lagerstürmen endigen. Solche Sieger waren wir einst auch, da wir, nachdem durch das Blut der zwanzig Centurione der Bund gemacht war, die Beute vor der Schlacht losten; dem Sueven fiel das Gold, dem Cherusker die Pferde, dem Sikambrer die Gefangnen, und da wir dann auf Drusus, der in dem tiefen Waldkessel umzingelt war, wild und ohne Schlachtordnung, zustürzten; er aber.. Doch ich mag nicht ausreden! Wem der Vorfahr nicht Warnung ist, der wird's dem Nachkommen seyn.

Gambriv. Mich däucht, Arpe, daß er immer stärker in der Kriegskunst wird. Er setzt ihr nun gar den Kranz der Ermahnungen auf!

Katwald. Und mich däucht, daß deine Trinkhörner immer größer werden, und du sie immer tiefer leerst!

Hermann. Laß ihn von Sonne zu Mond reden! Aber, o Arpe, mein Bundsgenoß, da Varus weder dich noch mich besiegte, wie ist es möglich, daß du eine solche Stimme mitzählst? Doch, du zählst wohl überhaupt nicht mit. Du weißt es nur zu sehr, und ich merke es nur zu sehr, daß du allein da bist.

Ingomar. Allein, Sohn Siegmars, den ich, als Knaben, bald bei dem Arm und bald bei dem Fuß aus dem Bache zog?

Malwend. Ich frag' auch, Hermann. Doch, antworte nicht. Du wolltest uns nicht beleidigen. Du scheinest sehr gewiß davon zu seyn, daß es Cäcina wie Cäsar im Sinne habe. Woher kommt dir diese Gewißheit?

Hermann. Daher kommt sie mir, daß es der Krieger, welcher das vierzigste Mal zu Felde geht, nicht anders machen wird, als er es allein machen kann. Es ist seine einzige Hoffnung. Jede andre, an die er sich halten wollte, wäre Strohhalm. Aber glaubt mir nicht; untersucht es selbst. Schickt zu Cäcina hinüber. Er wird den Gesendeten nicht annehmen; denn wie könnte er uns sein Lager sehn lassen? aber er schickt gewiß zu uns, um sich zu erkundigen, was wir ihm wollen. Da ihr einmal so fest entschlossen seyd, und euch also Cäcina's einzige Hoffnung keinen Kummer macht; so kann es euch wenigstens Belustigung seyn, wie sich der Römer drehn und wenden wird, euch zum Lagersturme zu reizen und eure Absicht auszuforschen. Und verrathet ihr ihm diese durch euren hohen Ton, oder sagt ihr sie vielleicht gar in der Hitze gerade heraus; so könnt ihr zugleich bemerken, wie er da mit aller Kraft streben wird, daß sich sein bitteres Lächeln nicht in Hohnlache verwandle, weil ihm dann die ganze Seele von blutiger Wonne voll ist; denn er steht nun keinem gewöhnlichen Siege entgegen, sondern einem, der auf zwei Tage folgt, an denen sie so Vieles rächen wollten, und so sehr der Rache vergessen mußten, daß ihnen nichts übrig war, als für ihr Leben zu fechten!

Gambriv. Was sagte er da Alles? Ich hörte es nicht recht; denn ich trank eben.

Katwald. Wie man dir doch zuweilen die Dinge ohne Maß und Ziel deutlich machen muß! Du hörtest recht gut, was er sagte; du verstandest es nur nicht. Ich will es dir erklären. Bringt ihm ein volles Horn! Noch eins! Bringt mir auch eins. Trink! Das andre auch, wenn du magst?

Gambriv. Warum aber zwei auf einander? Was willst du damit?

Katwald. Nun, so besinn' dich, ob du es magst oder nicht, besinn dich, besinn dich!

Gambriv. Ei was? Ich trink es! Warum trinkst du deins nicht?

Katwald. Ich? (Er gießt es weg.) Höre, Gambriv, das erste Horn hatte Cäsar eingeschenkt, und das trank (du stelltest ihn vor) der Feldherr der Gallier. An dem zweiten Horne schenkt jetzt Cäcina ein, und das wirst du, zu deinem eigenen Vergnügen, zu deinem Gedeihn, zu deiner Fröhlichkeit, vom Rande bis zum Boden austrinken!

Gambriv. Marse! so bald Dieß vorbei, und alle das Volk drüben todt und ihr Feldherr gefangen ist; so führe ich Krieg wider dich!

Katwald. Dank dir, o Hertha, Göttin des Friedens, daß ich diesen Krieg nicht haben werde.

Arpe. Laß uns hinüber schicken, Hermann.

Hermann. Ist Horst hier? Geh hinüber, Horst.

**Horst.** Was soll ich Cäcina sagen?

**Hermann.** Wenn er dich, wider meine Vermuthung, annimmt; so kommt es auf einige Stunden Waffenstillstand nicht an.

**Katwald.** Wie wäre es, wenn ich, bis Horst wieder kommt, ein wenig den Barden nachsänge? Denn Gambriv und Ingomar werden uns wohl keinen Unterricht von der Art und Weise geben, wie das Lager erobert werden muß. Ihnen ist es genug, wenn sie nur angreifen! (Er singt.)

Schon war der Tannenast nicht fern,
Vom verfolgenden Ur.
Bald gehörte des Besiegten Horn
Dem ersten Lanzenwurf.

Warum verlaßt ihr mich so, Barden? Warum bläst mir Keiner zum Liede? (Er singt. Ein Barde spielt dazu.)

Da spotteten

(Zu Ingomar, indem er dem Barden winkt, inne zu halten.)

Verzeih mir meine Deutlichkeit. Wir Marsen sind einmal nicht anders. (Er singt.)

Da spotteten die Ingomare
Der leichteren Jagd.
Sie sprangen den Sprung am Berge nicht mehr,
Und standen umher um den Ur.
Und warfen die Lanzen auf ihn;
Da floß ihr Blut! Sie starben, oder flohn.
Gewendet brüllte das Thal hinaus
Der siegende Waldtyrann.
Kühnheit ist Göttergabe!
Nichts Edleres gaben sie!
Ueber den Stolzen gossen die Düsen
Verwegenheit in Strömen aus.

Hermann. Es sind viel traurige Schicksale einzelner Menschen, niedergestürzte Hoffnungen, todbrohende Wunden, die der Gute von dem Bösen empfing, geheimer Gram, der einwurzelt, Liebe, die verachtet wird, und, ach, auch Freiheitsgefahr: allein, was sind sie, sobald ihr sie neben das Schicksal eines Volkes stellt, welches eine Schlacht verliert! und gar neben eines unüberwundenen, welches die Schlacht..

Ingomar. Wie du wüthest! Die Lippe wird dir bleich! die Stimme dumpf!

Katwald. O wärest du schon jetzt zum Tode bleich und verstummtest; so hättest du zu der Vertheidigung eines Angriffs ausgewüthet, der sich nicht mit Siege, aber mit deinem Tode endigen kann!

Hermann. Die Schlacht, wollte ich sagen, gegen das Volk verliert, das keinen Erdwinkel und keine Meerenge übrig läßt, wo es nicht gebieten will! Und dann der Graus von Allem, das Unedelste, Niedrigste, Niederwerfendste, daß dieses Volk, auch aus Goldsucht, gebeut! Es ist schrecklich, sehr schrecklich!

Katwald. Wenn es mit jenen Schicksalen der Einzelnen sich nun entwickeln soll; so beunruhiget mich die Erwartung nur, als wäre sie der Pfeil eines Knaben, der mich verwundet hätte. (Horst kommt zurück.) Allein, wenn das Schicksal Aller dem Ausgange naht, wenn ihr Wohl am Rande des Abgrunds ist, zwar noch gehalten werden kann, aber auch hinabstürzen: so martert mich die Ungewißheit, als blutete ich von der Lanze des Kühnsten der Legion!

Horst. Cäcina ließ mir sagen: Er verehrte die Sieger zu sehr, um nicht zu ihnen zu senden und sich zu erkundigen, was sie von ihm verlangen. Um uns seine Verehrung desto mehr zu zeigen, habe er einen Deutschen gewählt. Ich denke, Dieser kommt bald; denn ich sah Fackeln hinter mir.

Katwald. Wenn wir uns doch auch ein Wenig verehrten und uns bei Cäcina nach der Zeit seiner Ankunft bei Germanicus erkundigten; auf dem Damme! meine ich.

Ein Hauptmann. Es ist Flavius, der kommt. Er hat einen jungen Römer bei sich, deß Schild sehr von Golde glänzt. Sie gingen dicht bei unsern Feuern vorbei. Sie kommen gleich.

Brenno. Ich bin froh, daß ich blind und kein Krieger bin. Denn, so seh' ich den Verräther nicht, und so brauche ich mich nicht gegen ihn zu verstellen.

---

## Sechste Scene.

### Die Vorigen. Flavius. Italus.

Flavius. Ich habe mich schicken lassen, mein Bruder, um dir noch ein Mal zu danken, daß du mir bei Teutoburg das Leben gerettet hast.

Hermann. Vielleicht bewegten die Götter Brenno's Herz nicht umsonst, daß er einwilligte; vielleicht sollte eine Stunde kommen, da du zu deinem Vaterlande zurückkehrtest. O, möchte es die jetzige seyn, mein Bruder!

Flavius. Ich kenne die Fürsten nicht Alle.

Hermann. Diese Beiden, Malwend und Katwald, sind Fürsten der Marsen.

Ingomar. Und du hast es gewagt, ohne Geißel zu uns zu kommen?

Flavius. Ich hoffe, die Fürsten Deutschlands traun es mir zu, daß ich in der Schlacht mehr wage.

Hermann. Die Fürsten Deutschlands wünschen mit mir.. Wenn du es thun wolltest, so wäre jetzt die rechte Zeit. Du käm'st nicht ohne Verdienst gegen dein Vaterland zurück, indem du uns vielleicht Dinge anzeigen könntest, die uns, dir alsdann auch, wichtig wären: und du rettetest dein Leben zum zweiten Mal.

Flavius. Wie meinst du das Letzte?

Hermann. Ich weiß nicht, wie wenig, oder wie viel Hoffnung ihr euch macht, aus unsern Wäldern zu kommen; aber Das weiß ich, daß du, unerkannt, in großer Gefahr bist, in der Schlacht zu sterben; und erkannt, können die Götter dich kaum retten!

Flavius. Wenn nun aber die Götter und wir unser Heer retteten?

Hermann. Das ist viel Hoffnung.

Katwald. Vielleicht hatte Varus auch so viel Hoffnung.

Flavius. Vielleicht auch nicht. Wir sind näher bei dem Damme als ihr; auch ist er so breit, daß wir bald darüber kommen können; und dazu ist jenseits die Waldung weniger dicht.

Ingomar. Unser Entschluß ist gefaßt.

Flavius. Die Wege nach dem Rheine zu mögen wohl zu gut für uns seyn. Ich sehe, daß die Kleinheit unsers Lagers euch reizt: und allerdings verräth sie euch, daß wir viel Todte haben. Doch, was rede ich hiervon? Genug, daß der Damm nah und breit ist.

Gambriv. Das war viel Gespräch von einer Sache, die durch Gespräch nicht ausgemacht werden kann. Wie kommt dir dieß Trinkhorn vor, Römer? Doch, du trinkst aus zierlichen Schalen; also wohl ziemlich barbarisch?

Flavius. Du scheinst große Trinkhörner zu lieben.

Katwald. Ja, Die liebt er! Das zweite, Gambriv, das du vom Rande herunter leertest, schmeckt dir auch wohl jetzt noch sehr köstlich nach?

Gambriv (zu Flavius). Was kann ich dafür, daß der Ur, den ich erlegte, und von dem ich das Horn nahm, so groß war? Ihr jagt wohl drüben über den Gebirgen nichts als Rehe, oder fangt Vögelchen. Wie haltet ihr's, wenn ihr nun eins von denen mitgefangen habt, die euch Schlachten, wie es ihrer in Deutschland gibt, zu weissagen pflegen? Laßt ihr es in der Angst fliegen, oder rupft ihr's?

Flavius. So ein's machen wir kirr; und so wird's klüger und weissagt Sieg.

Hermann. Damals, da ich Brenno erbat, die Lose nicht zu werfen, lag unser Vater todt vor uns, und ich wußte es nicht. Du errräthst, welche Einwilligung hierdurch die Götter von mir abwandten. Willst du sie wegen des letzten Blutes deines Vaters nicht aussöhnen, das ihm in einer Schlacht floß, in der du wider ihn strittest?

Flavius. Ich habe den Tod meines Vaters beweint, nicht ohne Verwunderung, daß er, der kühne Krieger, so alt geworden war.

Brenno. Du hättest damals die Thräne noch gekannt? Es ist umsonst, Hermann, daß du dieß Römerherz bewegen willst.

Hermann. Ich traue Siegmars und Bercennis Sohne noch Viel von dem Herzen eines Deutschen zu.

Flavius. Ist meine Mutter in dem Lager?

Theude. Ja, deine Mutter ist hier; aber meine Mutter ist in Rom! Hast du meine Mutter in Rom gesehn, Flavius?

Flavius. Ist Das dein Sohn? Du hast ihm schon Waffen gegeben?

Theude. Ja, ich bin Thusnelda's Sohn, und ich habe bei dem Schwert .. Soll ich es ihm sagen, mein Vater?

Flavius. Was wolltest du mir denn so gern sagen, lieber Knabe?

Theude. Ich heiße Theude! und ich wollte dir sagen, ja ich sage dir, daß ich meiner Mutter Thusnelda Rache bei dem Schwert geschworen habe! (Zu Italus.) Was küssest du mich, Römer? Nicht noch ein Mal, sage ich dir!

Flavius. Gewiß, ihr Fürsten, ihr seyd sehr gegen uns aufgebracht, daß ihr eure Söhne so früh zur Rache ..

Theude. So ein Schwur macht lüstern nach den Adlern. (Er läuft nach Malwends Adler hin und sieht ihn an.) So vor Mana! So durch Säuglingsmörderblut! So durch das Blut ihrer Feldherrn! Flavius! Was hat dir Malwends Adler gethan, daß du ihn auch nicht ein Mal ansiehst?

Brenno. Theude! wo bist du? Komm! Komm!

(Er küßt Theude und hält ihn in seinen Armen.)

Katwald. Aufgebracht, Flavius?

Brenno. Katwald, Wodan war bei Teutoburg auch etwas wider sie aufgebracht!

Flavius. Ha! ich weiß es wohl, wie ernsthaft ihr es wieder vorhabt.

Brenno. Weißt du auch recht, wie ernsthaft? Wie der Tod, so ernsthaft! wie das Stillschweigen unsrer Schlachtfelder, wenn nun Alles vorüber ist! So wird es nun bald mit euch seyn, und Jupiter muß dann Götterbotschaft vor unserem

Heere voraussenden, wofern er frühere, als unsre Ankunft bringt, für Germanicus beschlossen hat.

**Hermann.** Thusnelda! (Indem er Theude aus Brenno's Armen in seine nimmt.)

**Flavius.** Druide! du unternimmst es umsonst, mich hierdurch zu schrecken. Warum wirfst du deine Lose nicht? denn die können schrecken.

**Brenno.** Ich kenne noch andre Lose! Die meine ich, welche die beiden letzten Tage Hermann über euch geworfen hat. Aber sie haben wohl nichts, das schreckt; keine Ahnung vom Bevorstehenden; es blutete nicht, wo sie hinrollten, und der Todtengräber schaufelte da nicht auf!

**Theude.** Ach, Brenno, schaufelt er auch, wenn man Adler nimmt? oder wartet er dann, bis man so blüthenweiß ist wie du?

**Flavius** (nach langem Stillschweigen). Was verlangen die Fürsten Deutschlands von Cäcina?

**Ingomar.** Wir verlangten nichts: wir wollten ihm Waffenstillstand anbieten, daß er seine Todten vollends begraben, und wir unser Siegsfest desto fröhlicher fortsetzen könnten.

**Flavius.** Also haltet ihr schon Siegsfest?

**Ingomar.** Warum sollen wir es nicht halten?

**Flavius.** Wir hatten freilich Viel mit Begräbnissen zu thun, und sind mit der traurigen Arbeit auch noch nicht zu Ende. Das würden wir indeß doch seyn, wenn Cäcina dieß Mal den Wall nicht mehr erhöhn ließe, als sonst.

**Ingomar.** Fürchtet ihr unsern Angriff?

**Flavius.** Wie kannst du einen Römer fragen, ob er fürchte?

Ingomar. Gestern, als ihr der trocknen Stelle zueiltet, gabt ihr ungefragt Antwort.

Gambriv. Recht, Ingomar! Ihr wolltet, daß wir nach dem Umfange des Lagers von der Zahl eurer Todten urtheilen sollten. Doch, ihr irret, wenn ihr glaubt, daß ihr uns hintergangen habt. Euer Lager ist viel zu groß! Dieß, Hermann, damit sich das bittre Lächeln in Hohnlache .. und auch sonst noch aus Ursachen!

Flavius. Bietet ihr noch Waffenstillstand an?

Hermann. Nun nicht mehr, weil Cäcina unsern Obersten zurückgewiesen hat. Aber, mein Bruder, bist du denn ganz unbeweglich? Willst du Deutschland, deiner Mutter, und mir nie wieder angehören?

Theude. Willst du nicht, Flavius? willst du nicht? Aber Wer ist denn dieser junge Römer, den du bei dir hast? Er hätte mich nicht küssen sollen; allein er gefällt mir doch.

Flavius. Dieser junge Römer, Theude ..

Theude. Du siehst ja so munter aus, und hassest doch dein Vaterland!

Italus. Nein, ich halte es nicht mehr aus! Hermann! ihr Fürsten! ich bin Flavius Sohn! Ich bin allein deßwegen herüber gekommen, um euch zu sehn. Ich weiß nicht, was für eine Liebe zu Deutschland mich antrieb. Ich konnte ihr nicht widerstehn! Mein Vater, wenn es dir möglich wäre! Hermann, ich bin heute sehr glücklich und sehr unglücklich!

Flavius. Fürchtest du bei den Legionen zu bleiben, Italus?

Italus. Womit habe ich Das von dir verdient, mein Vater? Ihr Fürsten, noch nie habe ich meinem Vater widersprochen; aber jetzt muß ich es thun und euch sagen, daß ich Das nicht verdient habe.

Theude. Ja, wohl ist er unglücklich; denn er liebt sein Vaterland. Nun sollst du mich viel Mal küssen, Italus!

Italus. Und Bercennis ist im Lager, Hermann?

Flavius. Die mußt du nicht sehn. Wenn du sie noch ein Mal nennst, so entfernen wir uns.

Italus. Wart ihr Alle bei Teutoburg, Fürst Katwald?

Katwald. Ingomar nicht, ich auch nicht. Ich trug damals noch keine Waffen.

Italus Thusnelda's Vater auch?

Theude (für sich, indem er nach Italus sieht). Es ist wahr, die Römerwaffen glänzen sehr, aber mein Schild ist doch noch schöner!

Gambriv. Der Verräther war auch da!

Brenns. Und ein Anderer ist hier!

Flavius. Ich bin ein Römer, Druide!

Italus. Ach, und mein Vater! Ich bin herübergekommen, die Fürsten meines Vaterlandes zu sehn, und zu hören, was Das vor Lieder sind, die euch so entflammen. Du hast mir versprochen, mein Vater, daß ich ein solches Lied hören soll.

Flavius. Kann ich ihm mein Wort halten?

Ingomar. Du kannst.

Werdomar. Willst du ein Lied von Teutoburg hören, Italus?

Italus. Kein andres. Du kamst mir zuvor.

Werdomar. Ein Lied von Teutoburg kann dir nicht allein gesungen werden. Barden, wendet euch gegen das Heer!

Ein Chor.

Schwester Cannä's, Winfelds Schlacht!
Wir sahn dich mit wehendem blutigem Haar,

Mit dem Flammenblick der Vertilgung,
Unter die Barden Walhalla's schweben!

Hermann sprach: Sieg oder Tod!
Die Römer: Sieg!
Und drohend flog ihr Adler.
Das war der erste Tag.

Sieg oder Tod! begann
Ihr Feldherr nun. Hermann schwieg.
Schlug. Der Adler flatterte.
Das war der zweite Tag.

Zwei Chöre.

Der dritte kam. Sie schrien: Flucht oder Tod!
Flucht ließ er den Freiheitsräubern nicht,
Flucht nicht den Säuglingsmördern.
Es war ihr letzter Tag!

Zwei Barden.

Nur Boten ließ er fliehn. Sie kamen nach Rom.
Zurück wehte der Mähnenbusch; die Lanze schleppte
Stäubend nach; bleich war ihr Antlitz.
So kamen die Boten nach Rom.

In seiner Halle saß der Imperator
Octavianus Cäsar Augustus.
Mit der Traube Nectar füllten die Schale
Penaten dem höheren Gott.

Die Flöte Lydia's schwieg vor der Boten Stimme,
Der höhere Gott rannt' an der Halle
Marmorsäule die Stirn: Varus, Varus!
Die Legionen, Varus!

Die Welteroberer zitterten jetzt,
Für das Vaterland
Die Lanze zu heben; da rollt' unter den Weigernden
Das Todeslos!

Sie hat ihr Antlitz gewendet,
Die Siegesgöttin! rufren die Weigernden.
(Das Eingeschlossene wird von Allen gesungen.)
(Wend' es auf ewig!) Er rufte: Varus, Varus!
Die Legionen, Varus!

Alle.

Schwester Cannä's, Winfelds Schlacht!
Wir sahn dich mit wehendem blutigem Haar,
Mit dem Flammenblick der Vertilgung,
Unter die Barden Walhalla's schweben!

Italus. Mein Vater, mein bester Vater! ach könntest du —

---

## Siebente Scene.

### Die Vorigen. Bercennis.

Bercennis. Hertha und alle Götter! mein Sohn Flavius! Nun, nun, rede! rede! sag' ich. Bist du Flavius? Bist du der Hassenswürdigste und auch der Gehaßteste unter Allen, die Mütter geboren haben? Bist du Flavius? Bist du's, der seinen Vater in der Teutoburgschlacht in sein Blut hinstürzte? bist du's? du der Vatermörder? Er schweigt, wie ein Grab! Er ist es! er ist der Flavius, den ich, Hermanns Mutter, auch gebar, er ist es! Das ist zu viel, ihr Götter, daß ich ihn sehe! So nenne denn, nenne deinen schrecklichen Namen! Er will ihn nicht nennen. Nun, so nenne du ihn laut, Wodan, mit deinem Donner, und zerschmettr' ihn! Wer ist denn Der, welcher ihm da gleicht? Hast du Einen, der dir gleicht, du Blutiger von Vaterblute?

Italus (er fällt vor ihr nieder). Bercennis! ich bin sein Sohn? Hermann weiß, wie unglücklich ich bin!

Bercennis. Hermann, mein Sohn Hermann, warum ist denn (sie weist auf Flavius) Der hier? Warum hast du mich nicht gewarnt, daß ich's würde zischen hören, wenn ich heraufkäme? O, hätt' ich's gewußt, ich wäre lieber in eine Wüste geflohn, als hierher gekommen.

Hermann. Meine Mutter, ich empfinde dein Unglück ganz.

Bercennis (zu Flavius). Entfliehn willst du? Entfliehn sollst du nicht! Nun will ich dich noch länger sehn, da dein Anblick mich einmal entheiligt hat. Flieh' nicht! sag' ich, bleib! sag' ich.

Flavius. Steh' auf, Italus!

Bercennis (zu Italus). Bist du sein Sohn?

Italus. Ich bin sein Sohn und dein Enkel und Siegmars Enkel.

Bercennis. Bring mir diesen Römerschild nicht so nah! wirf ihn hin! (Er wendet den Schild auf die Seite.) Ha! Das war sein erstes Wort, daß er seinem Sohne vor seiner Mutter aufzustehn gebot! Ja, ich weiß es wohl, daß ich deine Mutter bin, und daß ich jenen Cäcina oder so einen Genossen der Eroberungsfurie, und bald der Höllenfurie, lieber gebar, als dich!

Italus. Ach, meine Mutter, habe Mitleid mit ihm und mit mir.

Bercennis. Hermann, kennst du den Jüngling, der sein Sohn ist?

Hermann. Ich seh' ihn heut zum ersten Mal.

Theude. Aber ich kenne ihn; er ist gut und ich liebe ihn!

Bercennis. Komm an mein Herz, du armes Kind, daß ich mich an dir erlabe. Ich ging herauf, dich in deinen ersten Waffen zu sehn (auch noch Andere, die vielleicht heut das letzte Mal Waffen führen!) und da seh' ich . . (Zu Italus.) Steh auf, Jüngling!

Italus. Nein, ich will nicht aufstehn. Was habe ich dir gethan, daß du noch immer so hart gegen mich bist?

Bercennis. Steh auf, steh auf! Theude hat recht; und du hast mir nichts gethan.

Italus. Hermann weiß . .

Flavius. Was weiß Hermann? Ich weiß, daß du mit mir wieder hinüber in's Lager gehst!

Bercennis. Hat denn der Jüngling hier bleiben wollen, Hermann? Ist es denn möglich, daß der Sohn Dieses sein Vaterland liebt?

Hermann. Er hat hier bleiben wollen.

Bercennis. Du bist mein Enkel! du bist mein Enkel! du bist Siegmars Enkel! Auf, auf und umarme mich!

Theude. Ach, Italus, ja, so bleib denn. Laß ihn doch bleiben, Flavius, und sey kein so harter Römer gegen uns und ihn.

Flavius. Mein Bruder! ihr Fürsten! verzeiht mir, ich muß mich entfernen. Cäcina erwartet mich; und unsre Unterredung war, mich däucht, auch geendet.

Bercennis. Aber sage mir das sonderbare Geheimniß Hermann: warum ist er hier?

Hermann. Wir hatten Kriegsunterredung.

Bercennis. Was haltet ihr denn noch Unterredungen mit Denen, die nun bald mit Teutoburgs Geistern allerhand Gespräch sprechen, wie blutig es wieder in unsern Wäldern gewesen ist! wie .. Die andre Sache will ich ausmachen, und kurz. Geh du hinüber, du! Aber mein Enkel hier bei mir soll nicht mit sterben!

Flavius (er droht Italus mit der Lanze; sie eilen fort). Fleuch!

Bercennis. Viel war dieses Alles zusammen! viel! viel! Komm an mein Herz, Theude. Ist er fort? Theude, ist er fort? Der schöne Jüngling! Ich umarmte ihn das erste Mal in meinem Leben, ein Mal, einen Augenblick, das letzte Mal, und entflohn ist er, mußt er, zum Tode entflohn! (Sie setzt sich und steht gleich wieder auf.) Stärkt mich, ihr Götter, daß ich es sagen kann! Ich kam herauf .. Wo ist er hin, Theude? (Zu Arpe.) Deine Fürstinnen haben mir es gesagt. Ich weiß es Alles, Alles. Ich bin herauf gekommen, daß ich euch warne. Ihr höret die Weiber und ihr wisset, daß die Weisheit der Götter in uns ist. Vernehmt denn Siegmars Weib und Hermanns Mutter! (Laßt mich's nicht entgelten, daß ich auch der Schlange Mutter bin!) Wenn es Rath ist und Gedanke rechter Krieger, daß ihr das ganze Gezisch im Lager aufrührt und zerhaut: wohl denn, so soll er sich unterwerfen, der bei Teutoburg anders rieth und that. Wenn es aber Ehrsucht und Feldherrnstolz gegen ihn ist, und diese Flamme, wie ein Leichenbrand, in eurem Herzen wüthet; so soll der Schwung ihrer Adler dicht hinter euch her seyn! ihr sollt dem Tode flehn und mit keiner

Pfeilwunde begnadet werden! Ketten sollen sie um euch herketten! Ihr sterbt im Geklirr und stürzet zu Hela hinab! Habt ihr's vernommen? Im Geklirr, nicht in der Schlacht, sobald Garm heult und Hela winkt! (Sie eilt fort.)

Arpe. Sandtest du sie herauf?

Hermann. Wie konnt' ich? Und würd' ich's gewollt haben?

Brenno. Die Götter haben sie herauf gesandt, Arpe. Wenn du Das nicht siehst, so siehst du nichts, und so weißt du nicht, wie elend du uns machst, und so verzeih' ich dir Alles.

Arpe. Ich mag nicht, daß ein Sterblicher, und wenn es selbst Brenno ist, glaube, er habe mir etwas zu verzeihn. (Er steht auf.) Hermann, du hast es mir schon, ehe sie kam, anmerken können, daß mir die Hoffnung des alten Kriegers nun auch nicht gefalle. (Gambriv gibt sein Trinkhorn weg.)

Hermann. Arpe! erster Krieger der Katten, und gefällt dir meine?

Arpe. Wohlan denn! Bei Hertha und Alzes! dieser Cherusker pflegt eintreffende Hoffnungen zu haben.

Hermann. Nun Arpe, ich opfre Hertha und Alzes mit dir! Und jeder Schild, der vor mir fällt, hängt in deiner Halle!

Brenno. Arpe! Hermann! ich zünde das Opfer an.

Katwald. Hoher, edler Katte, ich fasse dein Schwert! ich küsse dein Schwert! Ich habe noch keine Waffen! (Er gibt Arpen sein Schwert.) Gib mir die ersten Waffen, hoher, edler Katte!

Arpe. Da hast du dein Schwert wieder, du Eichensproß, der in's Thal sieht.

Katwald. O, unsre Waldschlacht! du liebe altdeutsche

Schlacht! Siegmars, Hermanns Schlacht! dich, dich, in der so wenig der Jünglinge fallen, über die sich so viele Bräute freun, dich haben wir wieder! dich schlagen wir! (Zu Gambriv.) Freilich runzelst du die Stirn, daß ich das Leben so liebe! und Garm, meinst du, kommt knurrend und das Rückhaar hoch gesträubt. Nur immer wieder glatt, Garm! denn deiner Widerhalle da unten höre ich nie einen Laut, wie sehr ich mir auch die Waldschlacht lobe. Ha, die Elfinnen im jungen Busche! Immer näher, ihr schönen Elfinnen! Die Jünglinge spielen nur mit der Lanze, und ihr Blut träufelt nur wie Mairegen auf die Lenzblume des Schildes!

Hermann. Maß, Maß in deiner Freude, Katwald!

Katwald. Was siehst du? Was erscheint dir? Welche Ahnungsgestalt schwebt dir herauf? Nenne ihren Namen!

Hermann. Mir erscheint nichts. Aber, bei Wodans Weisheit! Maß, bis ihnen die letzte Sonne untergeht!

Katwald. Ich Maß? ich, der hoch auf dem Fittige des Leichenadlers schwebt? Ha, Germanicus, deine schwerere Kette tragen acht Legionen. Aber auch sie soll in das Blut der achte sinken und mit verstummen! (Er singt.)

Ha Alzes, Alzes mit dem goldenen Apfel!
Doch es klirren die Waffen noch! es klirren die Waffen noch!
Ha Alzes, Alzes mit dem fliegenden Mondglanzhaar!
Doch es klirren die Waffen noch! klirren die Waffen noch!

Das Horn von meinem Ur, und voll, wie der Bach ist, wenn die Berge schmelzen! Nein, nicht für mich, euch schütte ich es aus, ihr guten Götter! (Er singt.)

Hertha, Hertha, verhüllt in den weißen Teppich!
Doch es klirren die Waffen noch! es klirren die Waffen noch!

Hertha im Schatten des heiligen Laubes, in der Kränze Schatten!
Doch, es klirren die Waffen noch' klirren die Waffen noch!

(Zu Gambriv.) Nun, du Gewitterwolke, warum stürmst du nicht? Aber der Leichenadler fliegt gern gegen den Sturm.

(Er singt.)

Mein rasches Mädchen ist so fern von mir
Und gafft mit dem Reh vom Felsen herab.
Lauscht herunter, ihr Rehe,
Bald klingt die Lanze nicht mehr!

Mein rasches Mädchen ist so fern von mir
Und sieht mit Augen, die weinen, herab.
Trockne die Zähre, du Frühlingsbraut,
Bald triefet die Lanze nicht mehr!

Bald klingt, bald trieft die Lanze nicht mehr,
Du schöne, hohe Frühlingsbraut! du freie Deutsche!
Das that der Götter Schaar um Wodans Schild,
Der Göttinnen Schaar um Hertha's Teppich, du freie Deutsche!

Was wir uns alle für Freuden machen wollen, eh' sie aus dem Lager aufbrechen? Wir wollen . .

Malwend (er hatte schon vorher die Lanze weggegeben und sich auf den Schild gelehnt). Das also war die Standhaftigkeit der Katten?

Arpe. Wir wissen selbst in der Schlacht zu weichen.

Malwend. Aber auch umzukehren.

Arpe. Ich bin nie standhaft, um es zu seyn. Andre Sachen, andre Entschlüsse.

Malwend. Ich bin standhafter als du, weil ich da keine Aendrung sehe, wo keine ist.

Arpe. Ich habe dir vor der Schlacht nichts mehr zu sagen.

Katwald. Du zweifeltest ja im Anfange selbst, Malwend.

Malwend. Aber ich entschloß mich!

Katwald. Das waren der Worte viel, um zu sagen, daß man weiser sey, als selbst der Fürst der Katten mit dem Blüthenhaar!

Malwend. Standhafter, sagt' ich.

Katwald. Der Standhaftigkeit also sehr viel; aber der Weisheit etwas weniger.

Malwend. Rascher Jüngling, du weißt zu sehr, wie ich dich liebe.

Katwald. Und du wenigstens recht gut, wie ich dich! Laß uns von Dem sprechen, wovon ich erst anfing, was wir uns alle für Freude machen wollen, solang Cäcina noch an der letzten Wurzel zehrt. Für's erste Tanz bis die Sonne aufgeht, zum Anfange geflügelter kattischer, dann der wilde der Tenchterer, auch der mit dem Marsenschritt, dann der hohe stolze Cheruskertanz, wie um Teutoburgs Denkmal! Und schlafen müssen wir doch endlich auch ein Mal. Kurzer Schlaf; dann in den Fluß, wie wir's im Frieden gewohnt sind. Denn Der währt ja, solange sie im Lager bleiben. Ihre Lanzen das Bad trüben? Dazu liegen unsre zu dicht am Ufer. Unterdeß haben die häuslichsten Mädchen der Wagenburg Rehe für Arpe und seine Kriegsgefährten geröstet; und für uns Uebrige Wild, wie es vor dem Bogen gefallen war. Nun sind wir wieder da und halten den Morgenschmaus. Beim Schmause allerhand Erzählungen aus der alten Zeit: da der Cimbrer zog; da Melo und Baitorit mit Lollius Waffentanz hielten, bis sein Adler in deutschen Schatten nistete; da wir an Britanniens Küste strandeten und dort doch thaten, Was wir wollten; da wir in Pharsalien dem hirnvollen Kahlkopfe den Lorber flochten. Auch aus der neuern Zeit: da (denn nun, nun dürfen wir von Teutoburg reden), da der Jüngling Hermann die beiden ersten Tage manch Mal allein schlagen mußte; da aber am dritten Abend Varus Kopf Marbod geschickt wurde und durch den nach Rom; da der Marse mit dem Cherusker um den Adler stritt; da Thusnelda, wie eine Braut, verliebt war und tanzte und sang, auch von ihrem Theude sang, dem schönen Knaben mit den schönen Waffen!

Theude. Von mir? (Er stürzt auf Katwald zu und küßt ihm Schwert, Lanze und Schild.)

Katwald. Eine Bitte mußt du dem Uebermaße meiner Freude zugestehn, alter hercynischer Katte: ich habe euren neuen Siegstanz noch nicht gesehn. Herminone soll ihn uns tanzen.

Arpe. Jetzt tanzen? Dazu sind uns die Römer zu nah und es tagt bald.

Katwald. Und wenn der Mittagsstrahl herunterstrahlte, so sind uns jetzt, da du auf unsrer Seite bist, die Römer nicht zu nah. Wir legten die Waffen ungestraft in den Wald und tanzten auf dem Anger! Nun, Arpe, du warst ja einst auch Jüngling und mochtest gern den Reihn sehn! Soll ich die Fürstin Herminone nun herauf begleiten?

Arpe. Ich weiß nicht, ob meine Tochter diesen Tanz recht tanzt.

Katwald. Was? sie tanzte ihn nicht recht? Alle unsre Barden wünschen sich in ihren Lenzgesängen, daß diese dem Tanze der Fürstin Herminone gleichen möchten!

Arpe. Aber eure Bräute sagen ja, der neue kattische Siegstanz komme an ihre Tänze nicht.

Katwald. Fürst Arpe, Das ist Neid, wie schön und wie schlank unsre Bräute auch sind. Laß mich nur hingehn, ich bitte dich, laß mich hingehn! (Er geht.)

Arpe. Wie könnt' ich dem ungestümen Jünglinge widerstehn, Ingomar?

Ingomar. Weil wir denn doch so gewiß in der Waldschlacht siegen und es hernach mit den Römern, wenigstens in Deutschland, aus seyn wird; so laß uns, eh' er mit deiner parteiischen Fürstin wiederkommt, ein Friedenslied singen hören. Ich bin ohnedieß des unaufhörlichen Kriegs müde, und unser Heer vielleicht auch. Werdomar, das Friedenslied, das du am Bache sangst.

Arpe. Glaube mir, Ingomar, daß ich noch aus besseren Ursachen, als du etwa jetzt hast, gern Friedenslieder höre.

Gambriv. Du, Katte, Friedenslieder? Aber du scheinst mir überhaupt etwas zu ältern.

Arpe. Nämlich seitdem du das Horn weggabst. Wende dich mit dem Gesange gegen das Heer, Werdomar, damit es erfahre, daß seine Tapferkeit nun bald Friede belohnen werde.

Zwei Stimmen.

Hasset die Chazer, die jetzt im Römerbunde sind;
Einst waren sie edel und werden es wieder seyn!
Weise, wie sie, wollen wir aus dem Berge Waffen
Graben und von der volleren Aehre rauschen hören das Thal!

Zwei Chöre.

Kein deutsches Blut fließe von deutschen Lanzen in des Haines Bach!
Wir, die die stolze Roma nicht bezwang, wollen uns
Mehr verehren und sparen den muthigen Frühlingsschwarm
Der Siegerin zum Ueberwinder.

Ein Chor.

O Sommermorgen, wie leuchtest du
Durch des Haines grüne Nacht,
Sanft, wie der Geliebte, dem die Braut
Die ersten Waffen umkränzet hat!

Zwei Barden.

Seht ihr? er kommt, der Jüngling Alzes kommt
In dem Schimmer des Hains daher.
Auf, eilet und brechet dem Gotte
Die jüngsten Blumen der Heerde!

Er wandelt, und sein lichtes Haar
Schwebet ihm herab bis zu der Ferse.
Ihm ruhn in dem Rücken die Hände;
Dort verbirgt er des Schweißes Lohn!

Ein Chor.

Legt weg die blutige Lanze,
Und verdient, was der Gott dem Krieger verbirgt:
Des Angers goldenen Apfel,
Und des Hügels röthliche Traube.

Zwei Chöre.

Hinter Alzes führt den Friedenswagen Hertha's
Sein Zwillingsbruder Alzes.
Die Göttin mehret die Ernte
Und die Lese der Götter.

(Herminone und Katwald kommen. Sie hält einen Kranz von Eichenlaube in der Hand.)

Auf, eilt, es töne der Köcher,
Es rausche der Bogen, fliege der Pfeil!
Es fallen, fallen der Göttin
Die jüngsten Hirsche des Haines!

Arpe. Wo ist deine Mutter?

Herminone. Sie tröstet Bercennis, daß sie Flavius gesehn hat.

Arpe. Beleidige meine Freunde nicht!

Herminone. Beleidigen? Das werde ich nicht! Aber laß mich lieber wieder umkehren, wenn ich nicht thun darf, was ich will.

Katwald. Du scherzest, Arpe. Ein Fürst ohne Freiheit ist ein Krieger ohne Waffen, und ein Mädchen ohne Unschuld.

Arpe. So laß sie denn tanzen und thun, was sie mag. Ihr Fürsten, ihr rechnet mir's nicht an, was sie thut und wie sie es thut.

Zwei Barden.

Das Mädchen bringt des Haines Kranz!
Allein Wer wird der Krieger seyn,
Dem sie den Kranz
Um die Schläfe windet?

(Die Musik der Instrumente währt durchgehends nach dem Gesange der Barden noch etwas fort. So lange Beides währt, tanzt Herminone.)

Herminone.

Da bring' ich euch des Haines Kranz!
Ich weiß wohl, Wer der Krieger ist,
Dem ich den Kranz
Um die Schläfe winde.

Die Barden.

Das Mädchen tanzt und blickt und wählt,
Und nimmt den Schild dir; nimmt ihn nicht.

Sie nahet sich Katwald, als ob sie ihm den Schild nehmen wollte. Es wird vorausgesetzt, man wisse, daß sie nur Einem von den Dreien, dem sie Schild, oder Schwert, oder Lanze genommen hat, den Kranz geben werde.

Allein Wer wird der Krieger seyn,
Dem sie den Kranz um die Schläfe windet?

Herminone.

Hier bin ich und nehme den Schild,
Malwend, dir.
Ich weiß wohl, Wer der Krieger ist,
Dem ich den Kranz um die Schläfe winde.
(Sie bringt ihm den Schild wieder.)

Die Barden.

Das Mädchen tanzt und blickt und wählt,
Und nimmt das Schwert dir;* nimmt es nicht.
Allein Wer wird der Krieger seyn,
Dem sie den Kranz um die Schläfe windet?

Herminone.

Hier bin ich und nehme das Schwert,
Katwald, dir.
Du weißt wohl, Wer der Krieger ist,
Dem ich den Kranz um die Schläfe winde.
(Sie bringt ihm das Schwert wieder.)

Die Barden.

Das Mädchen tanzt und blickt und wählt,
Und nimmt die Lanze dir;** nimmt sie nicht.
Allein Wer wird der Krieger seyn,
Dem sie den Kranz um die Schläfe windet?

Herminone.

Hier bin ich und nehme die Lanze,
Hermann, dir!

Sie naht sich Hermann
Sie naht sich Gambriv.

Ich weiß wohl, Wem das Vaterland,
Mit mir, den Kranz um die Schläfe windet.

(Sie bringt ihm die Lanze wieder Die Musik ändert sich.)

Ich hebe dich, o Kranz des Hains,
Frei durch die Sieger, empor.
Von der glänzenden Sichel sank dein Laub
Auf den weißen Teppich hin.

Da flocht' ich dich.
Des sanften Mädchens Thräne floß
Voll Freud' auf dich herab,
Als sie dich flocht, o Kranz des Hains!

Nun bring' ich dich dem Edelsten
Der Krieger, Hermann bring' ich dich.

(Die Musik währt ohne Gesang fort, indem sie Hermann den Kranz aufsetzt.)
(Die Musik ändert sich von Neuem.)

Also kränzet ihn mit dem goldenen Laube,
Göttinnen, einst in Walhall!

(Sie nimmt Theude bei der Hand und geht schnell mit ihm weg.)

Hermann. Das dachte ich nicht, daß ich würde so stolz auf die Freundschaft der Tochter werden, als ich's auf die Freundschaft des Vaters bin.

Arpe. Du siehst, daß die Träger des Blutrings auch Lieder haben.

Katwald. Ein's verdrießt mich nur, Hermann, daß es meine Braut nicht war, die dir den Kranz brachte. Wie wird das arme Mädchen weinen, wenn ich's ihr von Herminonen erzähle! Ich sagte euch, ihr Fürsten, als Hermann noch nicht bei unserm Feste war, daß ich Werdomarn den rohen Gedanken zu einem Liede gegeben hätte. Dieß sollen euch die Barden jetzt singen. Aber nun verdrießt mich noch etwas. Es ist kein Kranz für dich in dem Liede, Hermann! und ich und meine Braut lieben dich doch so sehr.

Gambriv. So tröste dich denn wegen deines vielfachen Verdrusses damit, daß ihn denn doch ganze Eichen zu sehr belasteten.

Katwald. Als wenn du meine Freude stören könntest, Gambriv! Werdomar, laß die Barden hinunter gehn.

Werdomar. Ihr und noch ihr, ihr auch noch, nach der Seite der Römer zu, und ihr Uebrigen auf unsrer Seite!

(Die Barden gehn. Werdomar folgt.)

Gambriv. Nun, dieß Lied höre ich noch mit an. Aber wenn es aus ist, so geh' ich den ganzen langen Tag auf die Jagd. Denn zu thun haben wir ja nichts. Ich dächte, du gingst mit, Katwald. Du bist ja der Jagd auch nicht feind. Wenn wir bei einander wären, so geläng's uns etwa, den Römern mit dem Anbruche der Nacht einen Hirsch ins Lager zu treiben, und so könnten wir sehn, ob es diesen Kriegern, die wir uns nicht anzugreifen getraun, mit dem Hirsche eben so gehn würde, wie es ihnen diese Nacht mit dem Pferde ging.

## Die Barden Walhalls.

(Die Musik der Instrumente fängt auf der Seite der Deutschen an.)

### Zwei Barden.

Welcher Laut, wie des lispelnden Bachs,
Tönt in der ruhenden Telyn von selbst?
Was weissagt der Laut
Des lispelnden Bachs?

(Theude kommt zurück.)

Auf, Barden Walhalls!
Laßt von dem glänzenden Zweige die Telyn uns nehmen
Und rauschen die belohnenden Saiten herab
Der Empfangung Lied!

### Ein Chor.

Auf, Helden Walhalls! schlagt an den Schild,
Für welchen Nossa die Blumen las,
Und ruft der Empfangung Freudengeschrei
Aus Wingolfs Hallen!

Sie kommen, der Edleren Seelen, sie schweben
Gegen die hundert Thore daher,
Sie, denen tief in der kühnen Schlacht
Die Siegeswunde troff.

Aus Deutschlands Hainen kommen sie her,
Von liegenden Römern her,
Auf denen der Ueberwinder Fußtritt ruhte,
Eh' sie selber sanken.

### Alle.

Sie stritten für den Säugling im Schoß,
Für den Greis am Stabe! die weise Mutter,
Die blühende, liebende Braut,
Für Hain und Altar!

## Die Seelen.

### Ein Chor.

Aus Deutschlands Hainen kommen wir her,
Von liegenden Römern her,
Auf denen unser Fußtritt ruhte,
Eh' wir selber sanken.

Alle.

Wir stritten für den Säugling im Schoß,
Für den Greis am Stabe, die weise Mutter,
Die blühende, liebende Braut,
Für Hain und Altar!

## Die Dichter Elysiums.

(Auf der andern Seite des Hügels.)

Einer.

O Minos, setze dich auf den Richterstein,
In Nacht gehüllt,
Und laß der bewegten Urne Töne
Hinunter nach dem Cocytus schallen!

Ein Chor.

Schatten kommen aus Deutschlands Hainen
Der Welttyrannen Schatten.
Von des Säuglings und des Greises
Blute triefen sie.

Der Gott auf dem Richterstein
Fragt euch, Schatten, durch uns,
Elysiums heilige Barden:
Wer seyd ihr, Schatten?

## Die Schatten.

Alle.

Römerschatten, Welteroberer!
Wir beugten unter unser Joch
Die Völker um uns,
Oder tödteten sie.

## Die Dichter.

### Ein Chor.

Aus welcher sandigen Einöde,
Aus welchem durchströmten Walde
Kommt ihr jetzt, die unter das Joch
Die Völker beugten, oder sie tödteten?

## Die Schatten.

### Alle.

Wir stritten in Deutschlands Wäldern,
Wiederzunehmen die Adler,
Unsere Götter,
Die dort die Barbaren uns nahmen.

## Die Dichter.

### Ein Chor.

Der ernste Gott auf dem Richterstein
Gebeut euch, Schatten, durch uns,
Elysiums heilige Barden:
Stürzet euch hinab in den Cocytus, ihr Schatten!

Ihr wart gewaffnet, zu vertilgen
Ein Volk der Unschuld, deß Lanz' euch nicht rief,
Ein Volk der Freiheit, welches in Wäldern sich nährt
Von der Heerde Milch und dem Rehe der Jagd;

### Zwei Stimmen.

Der Völker eins, zu deren Mahlen,
Des Olympus Becher verlassend,
Verlassend die Schale Walhalls,
Jupiter wandelt oder Wodan.

**Zwei Chöre.**

Söhne des ungerechten Kriegs!
Euch wird die Schläfe das helle Stirnband
Nicht umwinden
Im blumigen Gefilde.

Ihr werdet nicht ringen im goldenen Sande,
Von Lanzen umgeben und Kriegeswagen,
Noch in des Lorberwaldes süßen Gerüchen
Zu Elysiens Leyer singen den Päan.

**Alle.**

Unter der Felsen Last, die ihr mühsam wälzt
Auf Felsen, werdet ihr rufen:
Lernet gerechten Krieg
Und verachtet die Völker der Freiheit nicht!

## Die Schatten.

**Ein Chor.**

Schrecklichster unter den Göttern!
Uns lastet schon genug des Elends.
Das Volk der Heerden und Rehe, das leichte Schilde trägt,
Als schwebe vor ihm ein Frühlingsduft,

Das hat, wie einst in Winfeld, uns,
Die Panzer tragen und Helme von Stahl
Und Schilde von Erz,
Von Neuem in unser Blut gestürzt!

Sie siegen in ihrer fürchterlichen Waldschlacht,
Kommen aus dem dichten Strauch, durch den Strom, der Bäume Nacht,
Und siegen. Laß uns, die schon sehr elend sind,
O Minos, hinab nach Elysium schweben!

### Die Dichter.

#### Alle.

Habt ihr euch erbarmt des Säuglings, der lächelte?
Des wankenden Greises erbarmt
Und der blühenden Braut?
Eilt, fliehet hinab zu dem Cocytus, Eroberer!

### Die Helden in Walhalla.

(Auf der Seite der Deutschen.)

#### Zwei Stimmen.

So fleugt die Lanze, so stürzet der Strom,
So schnell geschah die Verwandlung Walhalls.
Jünglinge sind die Edeln wieder geworden,
Die starben für das Vaterland.

#### Ein Chor.

Kommt, wir starben, wie ihr; schwebet herein
In Wingolfs heilige Hallen,
Durch die Abenddämmerung der goldenen Haine
In Wingolfs heilige Hallen!

Kommt, wir starben, wie ihr, und lieben euch.
Sehet ihr nicht in der Hand Thuiskons und Manas
Und Siegmars blinken
Die neuen Waffen für euch?

#### Zwei Stimmen.

Folgt ihr, sie ist es, die dort ihr schon verehrtet
Die euch führet, ist
Der Göttinnen beste,
Die sanfte Hlyna!

#### Zwei Chöre.

Ha, Wodan und Hertha! wie tönt's
Von der neuen Waffen Klang!

Die Jünglinge nehmen den Blumenschild,
Sie nehmen die Lanze, sie nehmen das Schwert!

Wie tönt es in den hundert Hallen von dem lauten Fest!
Die Jünglinge tanzen das Lanzenspiel, sie hören
Auf Braga's Telyn, wie edel sie starben,
Und halten Siegesmahl mit den Göttern.

Arpe (er war während des Gesanges immer ernsthafter und zuletzt finster geworden). Der Gesang war voll von dir, Hermann!

Hermann. Von mir?

Arpe. Ja, von dir, obgleich dein Name nicht scholl! (Er steht auf.) Ist diese Lanze mit deiner in Winfelds Schlacht gewesen?

Hermann. Ja, Arpe, ich habe sie blutig darin gesehn!

Arpe. Warum bist denn du der Befreier des Vaterlands allein, und ich nicht auch?

Hermann. Arpe!

Katwald. Allvater und all' ihr guten Götter! ist es möglich, daß Arpe . .

Arpe. Vor dir, du Zauberer, war zwischen uns Katten und euch Cheruskern niemals Bund; die Schwerter troffen uns stets, unsere von eurem Blut, und eure von unserem. Und da kommst du mit deinen Beschwörungen um mich herum. Wir schlagen; Augustus läßt, nicht der Rache, sondern der Verzweiflung Haar wachsen, und doch bist du es allein, den das Volk nennt, und den der Gesang singt.

Ingomar. Nun, Arpe, Das ist deiner werth, daß du wieder umkehrst.

Arpe. Schweig, Cherusker!

Ingomar. Ich wollte den Fürsten der Katten nicht beleidigen.

Arpe. Verzeih' mir, daß ich dich beleidigte.

Hermann Arpe, nun kommt's auf dich allein an. Beschleuß! die Waldschlacht: Cäcina's Untergang, Untergang des Cäsars und mehr; oder den Angriff des Lagers: Cäcina's Rettung, Siege des Cäsars, und ach vielleicht (wendet Das, ihr Götter, ab!) Deutschlands Eroberung. Ja, rede noch nicht; eile nicht! säume! Denn es ist jetzt ein fürchterlicher Augenblick für uns und für unsre Nachkommen.

Arpe. Ich steh' in seinem Zauberkreise. Willst du künftig Bündniß . .

Hermann. Halt noch inne! Ich höre den Donnerschlag deiner nahen Worte. Ich flehe dir bei allen Göttern, bei unserm Vaterlande! halt' noch inne und entscheide nicht Untergang!

Arpe. Willst du künftig Bündniß mit mir haben oder nicht? Wenn du willst, so lass' uns (beide haben in Winfeld geblinkt und geblutet) lass' uns unsre Lanzen wechseln und schlag' hier, ich sage nicht mit mir, denn ich bin nicht so stolz wie du, schlag mit uns, wie wir in Winfeld mit dir schlugen. Entschließung! Zieh' deine Lanze zurück oder reiche sie her!

Theude. Gib ihm die Waffen nicht! Er tödtet dich sonst; ich seh's in seinem Auge!

Hermann. Da hast du sie! Aber für mich auch eine Bedingung. Sie ist, daß ihr mich noch hört.

Arpe. Da hast du meine Lanze. Wir wollen dich hören.

Ingomar. Warum verstummst du jetzt, Hermann? Wir wollen dich ja hören. Was bildest du mit der Lanze im Sande?

Hermann. Dieß und Das! Wohnungen in Walhalla und in Hela's Reiche, für mich und für euch.

Ingomar. Aber du wolltest ja von deiner Waldschlacht noch etwas sagen.

Hermann. Hast du deinen Bruder Siegmar gehaßt, Ingomar? Hassest du mich, und warum? Womit hab' ich dich beleidigt! Mit der Vertilgung der Tyrannen?

Ingomar. Es ist zu viel, Sohn Siegmars! (er steht auf) es ist zu viel (er rennt die Lanze in die Erde) und zu lang, zu lang hab' ich's geduldet!

Brenno. Und euch die Götter! Denn ihr habt eine Nacht erlebt, in der ihr Deutschlands Untergang beschließt.

Hermann (geht hin und her). Es ist die Schlacht — es ist die Schlacht! Laß dich aussöhnen, mein Vater Ingomar! Die Fürsten geboten mir zu schlagen; meine Lanze blutete bei ihren Lanzen und ihre bei meiner. Die Götter haben uns den Sieg gegeben! Mein Vater sogar, der mir die Anführung auch geboten hatte, folgte meinem Rathe. Mein Vater starb — die Götter würdigten ihn, daß er nach ihrem Siege gleich zu ihnen kam. Laß dich aussöhnen, Ingomar! Ich liebe mein Vaterland; laß dich aussöhnen! Er schweigt; so schwieg Siegmar, da er todt war. Aber seine Todesmiene lächelte. Deine lächelt nicht. Nun, Brenno, Wodan wird mir nicht schweigen.

Ingomar. Ich will keine Lose fallen sehn.

Brenno. Und warum nicht?

Ingomar. Weil ich die Götter fragen kann, und auch nicht fragen.

Brenno. Ihr fürchtet also ihre Entscheidung?

Ingomar. Mach' du Das bei dir aus, ob du irrst, oder nicht; genug, die Götter gebieten uns nicht, sie immer zu fragen.

Hermann. Aber ich will sie jetzt fragen.

Arpe. Und was?

Hermann. Ob wir bei dem Lagerangriffe siegen werden.

Arpe. So entferne dich von uns, und lass' uns die Antwort nicht wissen.

Hermann. Das ist viel.

Arpe. Und Das ist noch mehr, daß du uns zu der Frage zwingen willst.

Hermann. Zwingen? ich die Fürsten Deutschlands zwingen? Ich fleh' euch an, daß ihr unser Vaterland rettet!

Arpe. Das wollen wir, und schneller als du es willst.

Hermann. Ach Wodan! ach mein Vater Siegmar! So frage denn nur: ob wir in der Waldschlacht siegen würden?

Arpe. Das wehren wir dir nicht.

Brenno. Ich habe auch geweihte Rosse bei mir.

Hermann. Der Zweikampf soll es seyn. Laß du dann die Rosse führen, oder die Lose fallen.

Brenno. Druide, das Roß mit dem ernsten Auge und der langen Mähne. Schneide mir das Eichenlaub.

Hermann. Haben wir Gefangne, Horst?

Horst. Ich habe Fünfe für dich ausgesucht, die alle vor dem ältesten Adler fechten würden. (Horst geht.)

Hermann. Wie viel meiner Kriegsgefährten sind hier?

Einer. Wir sind unser Drei.

Hermann. Gut, ich brauche nicht mehr. (Einer der drei Jünglinge fällt vor ihm nieder und küßt ihm die Lanze.) Steh' auf. Ich kenne dich wohl. Aber dein einziger Bruder fiel gestern, und dein Vater ist todt.

Der Jüngling. Ach, Hermann, laß dich erbitten!

Hermann. Steh' jetzt auf.

Katwald. Wenn wir die Schlacht wider Cäcina gewinnen (du weißt, was jetzo vorher geschehn muß), so siehst du vielleicht Thusnelda wieder.

Hermann. Wie kannst du Das glauben?

Katwald. Die Römer sind wohl eh' aus Klugheit großmüthig gewesen. Sie würden etwa denken, daß sie dich dadurch besänftigen. Du erzählst doch manchmal Thusnelda von Dem, was so hier und da vorgegangen ist?

Hermann. Ja! aber ich versteh' dich nicht, Katwald. Du liebst mich ja, ich dich gewiß auch! warum erinnerst du mich in dieser bittern Stunde an Thusnelda?

Katwald. Nun .. Ich dachte eben an sie. Ich will dir es schon einmal sagen. Ich bin doch sehr begierig zu sehn, was Das vor Römer seyn werden. Aber Horst hat sie empfohlen: und der kann empfehlen!

Arpe. Bei dem Sturme, Fürst Ingomar, bist du Feldherr. Jetzo, denk' ich, fangen wir an zu der Füllung der Graben Anstalt zu machen.

Ingomar (zu einem Kriegsgefährten). Geh' zu unsern Cheruskern, und laß' sie den Busch hau'n und das Bund binden.

Arpe (zu einem Kriegsgefährten). Geh'.

Malwend. Jünglinge, ihr Alle, und bleibt dabei. Zähes Reiß und das Bund fest!

Hermann (zu dem, der ihn gebeten hatte). Geh' und befiehl unsern Cheruskern, was Fürst Malwend seine Marsen thun läßt.

Der Jüngling. Auch muß ich gehn?

Katwald. Du sendest nicht, Gambriv?

Gambriv. Wir Bructerer springen über die Graben. Allein weil ich dir denn doch Rechenschaft geben muß; so wisse, daß meine Absicht mehr auf die Thore geht, als auf den Wall. Doch, ich schicke auch hinab. Geh' und sage, Wer zuerst in dem Thore ist, gegen das wir heranrücken, der soll meinen Schild haben.

---

## Achte Scene.

### Die Vorigen. Horst. Fünf Römer. Deutsche.

(Die Deutschen legen die mitgebrachten römischen Waffen nieder.)

Hermann. Dich seh' ich wieder, Valerius? Ich würde mich freun, dich zu sehn, wenn ich mich jetzt freun könnte.

Valerius. Du dich nicht freun, Hermann? Sind dir denn diese beiden Tage nichts? und kannst du dich niemals eher freun, als bis wir Alle todt um dich her liegen?

Hermann. Nehmt ihm die Fessel ab. Warum habt ihr sie ihm angelegt? Hat er euch seinen Namen nicht genannt? Er ist ein Valerius und werth es zu seyn. (Die Fesseln werden ihm abgenommen.) Ihr Römer, wir pflegen die Götter durch den Zweikampf zu fragen. In diesem ficht der Deutsche mit seinen Waffen, und der Fremde mit seinen. Ich ließ für euch, die mein Kriegsgefährt Horst, ein Kenner der Tapfern, ausgesucht hat, die besten Waffen herauf bringen, daß Der unter euch, welcher fechten wird, über nichts zu klagen hätte. Entscheidet, Wer der Streiter seyn soll.

Valerius. Quiriten, eure Väter haben nicht gestritten, wie meine! und ihr nicht, wie ich! Laßt euch zurückführen.

(Er nimmt schnell einen Schild auf.)

Ein Römer. Wärst du nicht unser Anführer, so gälten es mir weder deine Väter, noch du.

Horst (zu Valerius). Eile nicht so sehr mit der Wahl der Waffen. Doch sie sind alle gut.

Hermann. Du sollst fechten, Stolberg!

Horst. Hermaun, diesen Zweikampf darf kein Anderer als ich fechten? Ich bin, da sieh's an meiner Hand, deinem Vater Siegmar mein Leben schuldig. (Er zeigt ihm den Blutring.) Hätten nun die Götter für die Waldschlacht, seine und deine Schlacht!, den Ausspruch gethan, und vielleicht die Fürsten durch diese ihre Entscheidung noch aufmerksam gemacht, sollte dann ein Anderer, als ich, ihr Streiter gewesen seyn?

Hermann. Du hast den Vorzug, Horst.

Katwald. Ich kenne dich, Horst, und ich ehre dich; aber tanzest du das Lanzenspiel noch, wie ein Jüngling?

Stolberg. Meinen besten Dank, Fürst Katwald!

Horst. Ich tanze es weniger leicht, aber ich treffe desto tödtlicher. Warum redest du dem Jünglinge das Wort?

Katwald. Tödtlicher? Auch Jünglinge treffen oft sehr tödtlich.

Horst. Womit hab' ich Fürst Katwalden so sehr beleidigt, daß er will, ich soll künftig diese Hand mit dem Blutringe hinter dem Schilde aus Scham verbergen?

Katwald. Du nimmst es auf, wie ein Kriegsgefährt alter Art, und ich liebe dich deßwegen noch mehr; aber gleichwohl fahre ich fort, dem Jünglinge das Wort zu reden. Wir müssen kurz und es soll das letzte seyn. Ich bin es selbst, Horst, der mit Valerius hinuntergehen will.

(Horst fällt vor Hermann nieder und faßt sein Schwert.)

Hermann (zu Katwald). Aber, mein edler Freund . .

Katwald. Hermann, laß uns Beide noch kürzer seyn; ich geh' hinunter und kein Andrer.

Malwend. Ueberlege noch, was du vorhast, mein Bruder; nur Hermann und du fragen die Götter, nicht wir!

Valerius. Ist er ein Fürst?

Katwald. Dennoch will ich es seyn, der ihre Antwort zuerst hört und sie selber bringt, nicht euch! aber Hermann und dem Vaterlande.

Horst. Laß dich erflehn, du edler Sohn meines Freundes Siegmar, und widersteh diesem unerbittlichen jungen Fürsten. Ich schwur mit dir in Winfeld deinem Vater Siegmar Rache. Was ist es denn, das ich halte, sende ich nur immer einige Römer bei Walhalla vorbei, und werde von diesem großen Anlasse, viel was Anders zu thun, zurückgestoßen?

Hermann. Meines Vaters Freund und meiner, laß du dich erbitten, und steh auf. Kann ich undankbar gegen diesen edelsten unsrer Jünglinge seyn? oder darf ich wider ihn entscheiden? Und wenn ich, gerührt von deinem Schicksale, Brenno den Ausspruch thun ließe; würd' er ihn wider Katwald thun, den sein ganzes Herz liebt? Nun weiß ich, Katwald, was ich Thusnelda erzählen soll.

Horst (er springt schnell auf). Nicht zum Wiedersehn, Hermann! Bringen die Todten auch Antwort, Fürst Katwald?

Katwald. Ja sie auch, nur andre.

Horst. Nun die andre denn mir, dem Todten der Todte! (Er eilet fort.)

Katwald. Er würde mich traurig machen, ja Das würd' er, wenn ich jetzt traurig werden könnte. Und dann versteht er's zu gut und fällt so leicht nicht. Und sich hinein stürzen, nur um zu sterben? Mit so Wenigem hält Horst Siegmarn seinen Eid nicht! Ihr Fürsten! euch haben die Götter zwar durch mich nichts zu antworten; aber ihr rathschlagt ja nicht mehr, und dann mögt ihr auch sonst wohl dem Spiele der

Waffen zusehn: Wollt ihr Valerius und mich auf den Anger hinunter begleiten? Euch, Ingomar, Arpe und Gambriv, überlasse ich Valerius; Hermann, mein Bruder und mein lieber Theude führen mich hinab.

Brenno. Laß Hermann bei mir bleiben.

Ingomar. Wir bringen euch auf den Kampfplatz.

Katwald. Du kennst mich nicht, Valerius, aber traue mir nur immer zu, daß ich den Mann ehre, den Hermann ehrt. Wenn du Das thust, so wirst du meine Fröhlichkeit nicht für etwas Anders halten, als sie ist. Ich weiß wirklich nicht, wie du es machen willst, daß du mit mir auskommst. Du kennst doch unsere Lanzentänze ein Wenig? Jünglinge, füllt mir das Trinkhorn von dem Ure, den ich auf unserm Frühlingszuge erlegte.

Valerius. Ich würde es mir nie verzeihn, wenn ich einen Krieger, wie du mir vorkommen mußt, in irgend einer Sache verkennte. Deine Fröhlichkeit gönne ich dir, so lange du sie haben kannst. Ich denke, wenn ich mir ihre Vergänglichkeit vorstelle, viel weniger an dich, als an deine Waffen.

Katwald. Du weißt es nur nicht. Diese Blumen las mir meine Braut für den Kunstmann, der den Schild malte. Doch nimm dieß Horn. Es ist für dich und mich gefüllt. Einer von uns thut jetzo den letzten Trunk hier, und keinen eher wieder, als bis ihm die Göttinnen in Elysium oder Walhalla die Schale bringen. (Sie trinken Beide. Ein Druide bringt einen Eichenzweig.)

Valerius. Warum treten diese Barden um uns herum?

Katwald. Sie werden, sobald ich ihnen winke, das Lied des Zweikampfs singen. Wegen meiner Waffen, meintest du? Laß uns unsre Waffen doch ein Wenig besehn. Einen Helm hab' ich nicht, einen Harnisch auch nicht. Diese Schwerter?

Doch bis dahin, denk' ich, kommen wir nicht. Und unsere Lanzen? Deine hat einen helleren Stahl. Mehr willst du doch nicht, daß ich ihr zugestehen soll? Meine Waffen müssen dich also nicht hindern, dir die Fortdauer meiner Fröhlichkeit vorzustellen. Dein großer, eherner Schild? Doch, wie ich schon gesagt habe, du weißt nur nicht, was es für ein Bewandtniß mit diesem leichten Blumenschilde hat.

Valerius. Die, denk' ich, daß er die Lanzen der römischen Krieger durchläßt.

Katwald. Daß also der deutsche Krieger überall zu verwunden ist. Jünglinge, brennen die Feuer?

Einer. Sie brennen.

Katwald. Ich muß dir sagen, Valerius, wir treffen unten auf dem Anger zwei lange Feuer an, die uns von beiden Seiten leuchten. Du trittst hier, und ich dort in die Oeffnung, und dann thun wir, was wir wollen.

Valerius. Sind die, welche uns zusehn, bewaffnet?

Katwald. Wir erscheinen allezeit vor den Göttern unbewaffnet. Aus der Ursache, warum du fragtest, legten wir die Waffen nicht ab; denn der Deutsche kann sich auf sich verlassen, daß er nie ein Bündniß bricht. Ich sage dir noch mehr: wenn ich falle, so suchen unsre Fürsten den schönsten unter den römischen Schilden aus, und geben ihn dir und die Freiheit dazu! (Zu Brenno.) Erster Priester und erster Richter der Cherusker, weihe mir den Schild und sprich das Wort an die Götter.

Brenno. (Er umflicht den Schild mit Hülfe des Druiden etwas über der Mitte, und hält ihn in die Höhe. Katwald kniet mit dem linken Knie auf die Lanze und breitet die Arme aus.) Eure Streiter, ihr Götter, Hermann, Siegmars Sohn, und Katwald, der Sohn Malorichs, er und er, Ursöhne von Hertha, rufen nach euren Altären hin: Kund thun wollest du, o Wodan, Allvater, und kund wollet ihr thun, ihr andern Götter und Göttinnen, ihr des Schwertes, und ihr der Sichel, vor Allen ihr, o Alzes, weil wir eures Bundes Verbündete sind, kund durch das Todesblut dieses Fremdlings aus dem römischen Volk der Quiriten, der hier mit seinen Waffen vor euch steht, seinen Schild tragend und seine Lanze haltend, der aber kein freier Mann mehr ist, wie sein Vorfahr, sondern Knecht eines Imperators, durch sein Todesblut kund thun: Daß die Deutschen über die Welttyrannen in der Waldschlacht siegen würden. Sendet ihm die Fehmgöttinnen, die Göttinnen des Unheils und des Jammers, die Düsen mit all ihrem Graun und Entsetzen, daß sie ihn schrecken, und an ihm Wunden sich öffnen und nicht schließen, daß er hinstürze und sich nicht aufrichte, daß er sterbe und nicht lebe!

**Katwald.** (Nachdem er aufgestanden, und mit seinem wiedergenommenen Schilde neben Valerius getreten ist.) Singt, Barden.

**Zwei Barden.**

Da steht er vor euch, der euch fragen will,
Ihr Götter!
Laßt mit lauter, freudiger Stimme die Antwort
Ihn bringen, und nicht mit sterbender!

Der Priester Wodane hat ihm
Die Waffen geweiht
Mit dem heiligen Laube des Hains,
Er sich die Seele mit Muth.

Schöpfe, Göttin der Fehm, bleiche Düse,
Deinen nächtlichsten Quell,
Und geuß, die Schale gefüllt, ihn aus
Ueber den Fremdling, der mit dem Deutschen kämpft.

Die Todeswolke schweb' um ihn!
Er sehe sie wallen und hör' in ihr
Des Donners Stimme
Sich furchtbar wälzen!

Deutschlands Kämpfer sehe Schimmer,
Seh' ihn, wie durch die Dämmrung des Hains
Die Wolke des kommenden Tages,
Und hör' aus ihm die Stimme des Vaterlands!

Ha, unser Waffentanz!
Ihn tanzt kein Fremdling!
Ha, unser Lanzenwurf! Kein Fremdling wirft
Den Lanzenwurf der Deutschen!

Der Priester Wodans weihet dich auch,
Aber dem Untergange dich!
Eh es fließet, sieh schwarz aus der Wunde
Fließen, o Fremdling, dein Blut!

Deutschlands Kämpfer, hebe die Lanze! Der Quell stürzt;
Die Todeswolke schwebt;
Sie wallt, sie wälzt
Donnerstimmen!

(Die Fürsten stehen auf und geben ihren Kriegsgefährten die Waffen, welche sie auf ihren Sitzen niederlegen. Theude legt seine bei Hermanns Sitze nieder.)

Valerius. Ich verberge es euch nicht, dieser Leichengesang war fürchterlich.

Katwald. Hermann?

Hermann. Ja, wenn du willst.

Katwald. Komm, Malwend.

Malwend. Du hättest dich wohl für die Schlacht sparen können.

Katwald (zu Hermann. Sie umarmen sich). Bis zum Wiedersehn.

Sambriv. Wo, Katwald?

Katwald. Hier oder in Walhalla.

Hermann (zu Valerius, indem er ihm die Hand gibt). Möchte unsere Zusammenkunft nicht so kurz gedauert haben.

Valerius. Wann gibst du mir die Freiheit?

Hermann. Gleich.

Valerius. Also kann ich diese Nacht noch zu Cäcina gehn?

Sambriv. Und, bei diesem Ausfalle ein Wenig später zu . . Doch ich mag dich jetzt nicht schrecken.

Valerius. Ich verlasse mich auf dich, Hermann.

Sambriv. Und wegen des Andern, verlaß dich auf mich.

---

## Neunte Scene.

### Hermann. Brenno.

Hermann. Endlich bin ich mit dir allein, du Verehrer der Götter und du Freund der Menschen. Aber ich will nicht klagen. Ich habe niemals über Das geklagt, was Wodan that. Und er ist es, der unsre Fürsten im Schwindel hintaumeln läßt.

Brenno. Und der Fürsten Stolz ist es, der sie des Taumels würdig macht.

Hermann. Ha, wenn ich an diese Würdigkeit denke, so steigt es in meiner Seele schwarz wie ein Wetter auf!

Brenno. Und was hast du ihnen denn gethan, du guter Hermann?

Hermann. Ich hab' unser Vaterland, das dicht am Abgrunde stand, mit starkem Arm weggerissen. Das hab' ich gethan! Da lieg' er! ich zittre jetzt, den heiligen Kranz zu tragen.

Brenno. Hoffst du, daß die Entscheidung des Zweikampfs sie bewegen werde?

Hermann. Seit wann kennest du den eisernen Katten mit dem Blüthenhaar nicht mehr?

Brenno. Soll ich über die Entscheidung der Götter mit ihnen reden?

Hermann. Schweig, wie die Schlacht schweigt, wenn sie geschlagen ist! Jedes Wort, das du oder ich sagen, härtet sie noch mehr gegen uns! Wir müssen sie ihrem eignen Nachdenken überlassen.

Brenno. Aber wenn nun Katwald fiele?

Hermann. Der edle Jüngling, wie er sich für das Vaterland hingibt, sogar auf das Ungewisse, wie es die Fürsten lenken werde! Wenn er fiele, sagst du? Ja, so wollen uns die Götter jetzt nicht siegen lassen. Denn ihr Ausspruch sagt uns alsdann ja nicht, daß uns der Sturm des Lagers gelingen werde.

Brenno. Und was thust du alsdann?

Hermann. So hebe ich die Lanze und ziehe mit meinen Cheruskern fort, und nehme meines Katwalds Leiche mit mir, und begrabe ihn bei Siegmar. Die Barden sollen mir Lieder von Mana bei seinem Todtenfeuer singen.

Brenno. Und wenn Katwald siegt?

Hermann. So bleibe ich, weil es dann noch immer möglich ist, daß der Götterausspruch die Fürsten bewegt.

Mein Vaterland hält mich mit zu festen und zu süßen Banden, um nicht, selbst bei der geringsten Hoffnung seines Wohls, Das, was mir über Alles theuer ist, die Ehre, welche ich bei Winfeld errang, in die Gefahr des Verlustes zu wagen.

Brenno. Was unsterblich ist, wird nicht verloren.

Hermann. Aber kann verdunkelt werden.

Brenno. Nur in den Augen Derer, die nicht sehen. Du begräbst mich doch auch bei Siegmar, mein Hermann? Sohn meines Freundes, erst brichst du der Sprößlinge, die um seinen Hügel blühn; dann streuest du sie in mein Todtenfeuer; dann begräbst du mich bei ihm, aber nah', sehr nah'!

Hermann. Warum denkest du an deinen Tod?

Brenno. Weil ich von diesem Hügel nicht weiche.

Hermann. Wenn sie dich in Triumph aufführen, kann ich dich bei ihm nicht begraben.

Brenno. So lange lebe ich nicht.

Hermann. Woher weißt du Das?

Brenno. Weil die Götter immer mit mir gewesen sind. Sie lassen mich von den Säuglingsmördern nicht in Triumph aufführen.

Hermann. Ha, du Mann, den mein Herz liebt, so glaubst du denn, daß du hier sterben wirst?

Brenno. Ich weiß nicht, wo ich sterbe, aber im Triumph werd' ich nicht aufgeführt. Meine ganze Seele hat einen Ekel daran, nach unserer Teutoburgschlacht eine Niederlage zu erleben. Sie mögen immer hier mein weißes Haupt in mein Blut hinstürzen! und wenn nicht, so lebe ich hernach doch nicht lange mehr. In Triumph werd' ich nicht aufgeführt. Das betheure ich dir bei deinem Vater Siegmar, der es auch nicht ward und in Walhalla mein wartet.

Hermann. O, mein ehrenvoller Vater! Das dachte er nicht, daß ihm die Todten des dritten Tages nun diese Botschaft bringen würden. Verlaß diesen Hügel, Brenno. Dein kurzes übriges Leben willst du ein Gefangener der Römer seyn?

Brenno. Siehst du denn nicht, was ich hoffe?

Hermann. Ha, ihr Fürsten, bis dahin ist es also durch euch gekommen, daß der Aelteste und der Rechtschaffenste meiner Freunde solche Hoffnungen haben muß. Ich weiß nun nicht mehr, was ich thun soll. Werfe ich ihnen den Götterausspruch, wie eine Lanze, tief in das Herz, daß er sie vielleicht noch erschüttre, oder daß sie bis in ihr graues Alter davon bluten? Sage mir Das, du Mann, der mit meinem Vater so viel tiefe Dinge sprach und der heut sterben will!

Brenno. Ich denke noch, wie ich erst mit dir dachte. Wir müssen sie sich selbst überlassen. Ach Hermann, wenn Cäcina entrinnt: so ist Germanicus wieder so furchtbar, als er war! Aber entrinnt Cäcina nicht, was ist dann Germanicus und was sind dann wir! Und das Erste oder das Letzte wiegt nieder, nachdem ein Katte sich so oder anders entschließt. Seyd ihm wieder unbeweglich, dem Manne, der ein Fels ist, ihr Götter!

Hermann. Und ich, vor dem Augustus bis in seine innerste Seele gezittert hat, ich würfe mich vor ihm nieder und flehte ihn an, wenn er . . Aber nein, ich bewegte ihn nicht. Du weißt, Brenno, mein Vater sagte immer: die Welteroberer sollen niemals unsere werden! Allein . . doch ich mag den schreckenden Gedanken nicht aussprechen. (Er steht auf.) Wodan und all' ihr Götter, ein Elend laßt nie über mich kommen! Ihr habt mir ohnedies der bitteren Schicksale genug zugesandt. Mein edles Weib ist der Triumphfessel nah, und mein Sohn vielleicht dem Tode. Nun wohlan, wenn er der Sklaverei nur so entfliehen kann! Meinen Siegmund hat sein Vater, die Schlange, von Neuem angezischt, daß er sein Vaterland zum zweiten Mal verlassen hat; einen ihrer ältesten Kriegsgötter, den Adler der Neunzehnten, haben sie wieder genommen; neue Schlösser, dieser Trotz gegen die Kühnsten und diese Kettenhäuser der Tyrannen, steigen am Taun gen Himmel! Und dort hinauf flammte unsere Fürstenstadt Mattum; und unter dem Todesgeschrei der Mütter und der Bräute und der Säuglinge haben sie in der heiligen Stunde des Festes euren Tempel Tanfana in den Sand des Hains gestürzt! O, ihr Götter, laßt das eine Elend nicht über mich kommen, daß ich an meinem Vaterlande verzweifle!

---

## Zehnte Scene.

### Die Vorigen. Theude.

**Theude.** Dieß Schwert, dieß Schwert! es ist Valerius Schwert! Fürst Katwald, der einen Adler verdient, gab mir dieß Schwert.

**Brenno.** Lieber, unschuldiger Knabe, du bringst gute Botschaft. Komm, daß ich dich an mein Herz drücke.

**Theude.** O, mein Vater, o, mein Vater, er hat mir, deinem armen kleinen Theude, dieß Schwert gegeben!

**Hermann.** Ich dank' es euch, ihr Götter. Wie ging es, Theude?

Theude. Ach, wie kann ich erzählen, wie es dann ist, wenn Fürst Katwald Schlacht schlägt. Mein bester Vater, so werd' ich es nie lernen. Nimm mir nur meine beiden Schwerter wieder weg. So lerne ich es nie!

Hermann. Aber sage denn etwas davon.

Theude. Ich weiß nicht, wo ich bin. Ich bin noch immer dabei.

Hermann. Wo standest du?

Theude. Ein Kriegsgefährt hielt mich an der Mitte des einen Feuers in die Höhe. Auf ein Mal fingen die Barden an, schreckliche Töne in ihre Hörner zu blasen, wie ich sie noch niemals gehört habe. Valerius schritt mit einem besondern Gange gegen Katwald zu, fast so, wie die Legionen herbei kommen. Katwald stand still, wie der Fels an der Sommerhütte, die du mir gebauet hast. Still stand er, aber er hatte Feuerblicke in den Augen. Und nun . . Allein ich kann es nicht erzählen. Nie habe ich einen schnelleren Ur gesehen, als alles Das war, was nun geschah. Ach, es war doch ein guter Mann, der Römer, und du ehrtest ihn ja. Verzeih mir's, mein Vater. Seine großen, schweren Waffen haben gemacht, daß mir das Herz wegen Katwald geschlagen hat.

Hermann. Und hernach?

Theude. Du mußt dir vorstellen, mein Vater, daß Alles, was ich nun sage, auf ein Mal geschah. Valerius schwang die Lanze. Katwald lief sehr schnell gerade auf ihn zu, schleuderte den Schild nach ihm, der Helm schwankte von dem Wurfe. Valerius Lanze flog Katwald vorbei. Da stürzte Valerius auf ein Mal hin mit der Lanze in der Stirn, und da ging Katwald ganz langsam seitwärts und wärmte sich am Feuer! Aber die Bardenhörner tönten, daß der Wald bebte. Ich ging hin und sah es, wie Einer die Lanze aus des Todten Wunde zog. Es war doch ein guter Mann, der Römer. Ach, er sah so bleich aus! Sie brachten seine Waffen zu Katwald hin. Da gab er mir dieß Schwert. Ich konnt' ihn kaum ansehn vor Ehrfurcht. Aber ich sah es doch wohl, daß ihm große Thränen herunter stürzten, als er zu mir sagte (es war, als wenn er nicht recht sprechen könnte): da, Theude, werde wie dein Vater! Die Fürsten hassen ihn, aber die Götter hassen ihn nicht! Er liebt sein Vaterland. Die Götter hassen ihn nicht! Ich lief fort. Ich fiel einige Mal mit dem Schwert hin, und noch weiß ich nicht, wie ich heraufgekommen bin.

Hermann. O, ihr guten Götter, rettet mein Vaterland!

---

## Elfte Scene.

**Die Vorigen. Die Fürsten, Barden und Kriegsgefährten.**

Hermann. (Er läuft auf Katwald zu und umarmt ihn.) Dank den Göttern und dir! Wenn doch mein Vater lebte und dich jetzt sähe! Ich weiß es schon durch den Knaben da mit dem großen Schwerte; aber doch ein Wort von dir selbst: wie war's, Katwald?

Katwald. Ich schleuderte den Schild nach ihm, und doch warf er selbst in diesem Augenblicke; das war römisch, und deutsch war es, denk' ich, daß ich meine Lanze seiner Lanze begegnen ließ und traf. So, Hermann, haben die Götter meinen Entschluß und meinen Arm gelenkt. Und doch muß ich trauern; denn ich sehe nur trübe Wolken auf der Fürsten Gesicht und nichts von dem Lächeln, mit dem ein tapfrer Mann den Göttern gehorcht. Daß ich mein Leben hingewagt habe, wie könnt' ich Das anführen; aber daß . .

Der Druide. Brenno! das Roß wurde geführt. So hat noch nie Eins Sieg angekündiget; das Auge ward ihm zu Funken; die Erde bebte unter dem Stampfen seines Hufs! Es wieherte, und weithin scholl der Wald! Wir strebten umsonst, es an den heiligen Wagen zu spannen. Es wollte sich von Dem losbäumen, der ihm in der Mähne hing, aber er blieb. Da sprang es über einen Bach, selbst für den Jäger zu breit, und schleuderte den Jüngling in den Bach. Brenno! so hat das Roß geweissagt. (Er geht.)

Hermann. Dafür, daß du ohne Hoffnung, die Fürsten auf den Ausspruch der Götter aufmerksam zu machen, dein Leben gewagt hast, dafür, junger, edler, vaterländischer Krieger, nimm diesen Kranz aus meiner Hand!

Katwald. Wie könnte ich eines so verdienstlosen Stolzes seyn und einen Kranz tragen, den Hermann trug! Ihr Fürsten! aber Das rufe ich euch laut zu, daß die Götter der Waldschlacht den gewissen Erfolg verheißen haben. Nun wird bei dem Lagerangriffe Wodans Schild nicht vor euch hertönen, er wendet ihn und ihr fallt ungeschützt. Und dann, wenn der Römer Fuß auf den Sterbenden ausruht, wird das Letzte, was ihr hört, der gewandte Schild des Gottes seyn, der aus schreckender Ferne dumpf hinter euch tönt!

Arpe. Das sagst du; und wir sagen, daß wir die Götter nicht fragten, und daß sie uns schützen werden!

Katwald. Du schweigst, Brenno?

Brenno. Das Schweigen des Todes oder der Selbstverurtheilung ist sehr nah; und so schweig' ich auch.

Arpe. Todte Sieger sind auch Sieger, Druide!

Katwald. Und todte Flüchtlinge?

**Arpe.** Dieß sagst du dem Fürsten der Katten!

**Katwald.** Und was sagst du dadurch, daß du ihren Ausspruch nicht hören willst, den Göttern!

**Arpe.** So muß denn ich, der nie wiederholte, dir es wiederholen, daß ich die Götter nicht gefragt habe. Hör' auf, oder zieh mit deinen Marsen fort. Wir können's ohne dich thun.

**Katwald.** Was könnt ihr nicht ohne mich und meine wenige Hunderte thun? Aber, wenn euch nun durch mich vor dem Ausgange einer Unternehmung, zu der ihr noch stets forttaumelt, die Götter, auch ungefragt, gewarnt hätten?

---

## Zwölfte Scene.

**Brenno. Die Fürsten.**

**Hermann** (zu den Barden und Kriegsgefährten). Entfernt euch. Wir wollen allein seyn.

**Theude.** Ich auch, mein Vater?

**Hermann.** Alle, sagt' ich. Geh! Ich wiederhole es euch, ihr Fürsten, und wollt ihr, daß ich's bei dem Schwerte Wodans schwöre, so will ich's! Wenn ihr mich nicht hindert, Cäcina mit diesen vier Legionen durch die Waldschlacht, die einzige, durch die es geschehn kann, zu vertilgen, so geh ich hin — ich will Jedem unter euch gehorchen, der mir's gebeut — ich gehe hin und suche den Cäsar mit den andern vier Legionen auf, wo er ist; und wenn er auch in einem Lager dicht an den Wolken ist, und Steine, wie Hügel herunterrollt, so geh ich doch hin und greife ihn an in dem Felsenlager! Ich thu es und muß es thun, wenn ihr's gebietet. Nun, ihr Götter, steht mir bei, daß ich das Andre auch sagen kann. Erschrocken über den Entschluß, zu sagen, was ich thun will, schweige ich viel lieber. Mein Vater lehrte mich früh und mein Herz lernte es schnell: „Sprich nicht von Dem, was du thun willst, thu's!" Ihr Fürsten! es ist kein Gedanke seit Gestern, auch nicht seit Winfelds Schlacht (verzeiht, daß ich sie nenne); länger ist es her, daß er der Gedanke meiner Mitternacht ist und der heißeste bei Wodans Opferaltar. Ja, ich muß ihn sagen; die Liebe des Vaterlands spricht mich von Allem los, weßwegen ihr gegen mich wüthen könntet. Wenn nun Germanicus auch . . so geh' ich, dann nur und nur auf diese Zeit Führer unsrer Heere, über die Eisgebirge, sterbe vor Rom, oder lege unsrer Haine Kranz (er sey mir dann Lorber und Alles, was um diesen blinket und tönt), im Capitol nieder vor Jupiter, und danke, daß er es uns nicht gewehrt hat.

Ingomar. Ich habe dich noch nicht ganz gekannt, Sohn Siegmars. Kein Stolz war jemals, der deinem glich. Erst der Zug, dann die Führung!

Katwald. Wenn's denn gar nicht anders seyn darf, und Stolz seyn soll und muß, so glich ihm Hannibals und der Heere unsrer Väter! Denn ich mag kaum Boler und Bojorich nennen. Sie waren keine Führer; das Schwert war Führer!

Hermann. Stolz oder Liebe des Vaterlands; denn wie kann ich Das mit dir ausmachen, Ingomar? Stolz denn! Den Ersten verzeiht mir unser Volk und du auch; aber den Zweiten verzeihst du mir niemals. Euer Schweigen ist das Schweigen der Entscheidung! Und so hab' ich denn Das mit einer Selbstüberwindung, zu der ich mich noch nie erhob und der ich mich völlig unfähig hielt — Das hab' ich den Fürsten Deutschlands umsonst gesagt! Verwünscht sey jedes Wort, jeder Lispel, jeder Traumlaut vom Künftigen. und Dieß auch aus der neuen Ursach, die ich jetzt in ihrer ganzen Bitterkeit kennen lerne. Wohlan denn: wenn es die Fürsten nicht wollen, so wollen's die Götter auch nicht, und ich unterwerfe mich. Ist Moos unten am Hügel, Katwald? Dieß ist die dritte Nacht. Wecke mich, wenn es angehn soll. Ordnet und gebietet mir, was ihr wollt. Ich gehorche! Nur Eins gebietet mir nicht: meine Cherusker müssen nicht gegen die Dekuman stehn.

Arpe. Es dämmert schon. Nehmt den Nachtgefährten.

Hermann (indem er weggeht und nach dem Nachtgefährten sieht). O, du Wegweiser nach Walhalla, bei dir blutete mein Vater sein Todesblut. (Er kehrt um, nachdem er schon nicht mehr gesehn wurde und tritt dicht vor Arpe und Ingomar.) Du siehst meinen tiefen Gram, Arpe. Fass' ihn, wenn du kannst. Ich glaubte, daß du ein Mann seyn würdest, und du warst kein Mann! Und du, Siegmars Bruder, wisse du, daß Augustus, der Römer, Das, wovon ich sprach (verstehst du mich nicht? ich meine Uns im Capitol), nach der Niederlage bei Teutoburg fürchtete; und daß es Siegmars Sohn, der Deutsche, damals noch nicht für reif hielt; daß es aber Tiberius, der Römer, jetzt nicht fürchtet, und daß es Siegmars Sohn, der Deutsche, jetzt für reif hält. Dieß lerne du, deß Herz keine andre Kraft, als Stolz, und dessen Geist keinen Blick für die Wege und Umwege hat, auf denen man gewiß ankommt! unwürdiger Bruder des Manns, der deutscher war, als wir Alle sind! (Er geht langsam weg.)

Brenno. Ich bin der Aelteste unter Euch, allein nie ist

mir etwas so heiß durch mein Herz geströmt. Und doch blieb ich ruhig. Denn ich dachte gleich: wenn es die Götter wollen! Wenn mir Hermann vordem manchmal in seinem Stolze sagte (in seiner Jugend hatte er Stolz, aber edeln): nur du sollst mich loben, Brenno! so dacht' ich, daß ihn nur Wenige loben könnten, und etwan auch ich; aber heute kann ich es nicht! O, mein Freund Siegmar, welchen Sohn hast du uns hinterlassen.

Katwald. Es gibt mir doch Keiner von euch Schuld, daß ich mir einbilde, ihn loben zu können? Aber ich bin außer mir. Das heilige Laub im Capitol vor Jupiter niederlegen! ich weiß nicht, wo ich mich vor Freuden hinwenden soll.

Arpe. Unser naher Angriff zeigt sich mir jetzt noch von einer andern Seite. Wir halten mit dem Lager hier unten Vorübung, daß wir's verstehen, wenn wir zu dem Lager an den Wolken kommen.

Brenno. Sieh', noch viel andere Sachen, auf noch viel mehr Seiten: es hilft dir doch nichts; er bleibt doch der Liebling des Vaterlands und der lauteste Name des Bardengesangs.

Ingomar. Wir können ihm verzeihn. Er liebt' ihn lange. Genug, daß diese Schlacht die Schlacht der Fürsten ist.

Brenno. Ihr habt mir nichts zu verzeihn. Ich aber habe mir geantwortet, daß ich es euch nicht verzeihen will, daß ihr euch wie Felsen härtet, ihn zu verkennen.

Katwald. Ja, behaltet sie für euch, diese Schlacht. Hermann wird sie euch nicht neiden. Doch, sie währte drei Tage. Die ersten beiden waren Siegstage, und Die gehören Hermann.

Gambriv. Katwald! aber ich will unten wüthen, und

nicht wider diesen Jüngling. Unten und bald zeige ich dir, daß uns wenigstens dieser dritte Tag ganz zugehören soll!

Katwald. Nun unten denn! Ja, ich meine es auch so. Wenn uns dieser dritte Tag nur über die Gebirge führt, so söhne ich mich mit euch aus. Es soll sich sehr schön an diesen Gebirgen in die Thäler hinabziehen, wie mir mein Bruder gesagt hat. Malwend, willst du, daß ich unsere Marsen, die du mir anvertraut hast, gegen die Dekuman führe?

Gambriv. Du gegen die Dekuman? Ich führe gegen die Dekuman!

Katwald. Ich dächte, du ließest Die, welche den Adler noch haben, immer gegen sie heranrücken!

Ingomar. Schweig, ich bitte dich, schweig, Gambriv. Ihr Fürsten, nichts mehr von den Adlern! Nichts mehr von diesem Allen! Fürst Malwend selbst gestattet es nicht, daß uns Katwald mit seinen wenigen Hunderten dort wage.

Malwend. Ich wehre es nicht, daß Gambriv dort entscheide.

Katwald. Du bist rauh, Gambriv, aber ich hasse dich nicht. Das Blutspiel und die Ehre des Vaterlands verbinden uns. Nun zürne nicht mehr. Du warst nur unglücklich. Ich will dich gern vor der Dekuman sehn. Laß mich dir nur manchmal zurufen: dort durch, nach den Gebirgen zu!

Arpe. Wie dein Bruder Hermann nachschwindelt!

Malwend. Ich liebe meinen Bruder, Arpe!

Brenno. Arpe, laß diesen edlen Jüngling immer mit dem Manne des Vaterlands schwindeln! Wenn es die Götter wollten, daß ihr mit einander hinüber gingt; wie leicht (unterdrücken wollt ihr ihn jetzt, aber er duldet's nicht) würdet ihr ihm dann seinen Muth verzeihn.

Arpe. Mich däucht, der Tag dämmert schon. (Zu einem

Kriegsgefährten. Einige derselben waren nach Hermanns Weggehen zurückgekommen.) Gehe hin und begleite unsere Fürstinnen hier herauf. Eile, der Sturm des Lagers beginnt nun bald; und hier sollen sie zu dieser Zeit seyn. Stell einen dichten Schwarm Katten zwischen Strauch und Verhau, schlanke wilde Schößlinge, denen der Haarbusch nie fest hält. Was hindert uns, ihr Fürsten, daß wir jetzt gleich aufbrechen?

Ingomar. Wir wollen, Arpe; denn es ist die rechte Zeit. Das Lager also von allen Seiten, ihr Fürsten! (Zu dem Träger.) Tritt mit dem Nachtgefährten vor mich. Du Gambriv, schwenkest dich zuerst. Der Weg zur Dekuman ist der weiteste. Wo steht Hermann?

Arpe. Bei mir.

Malwend. Ich bei Hermann.

Ingomar. Zieh dich an mich heran, Katwald.

Katwald. Ja, wenn du es gebeutst. Sonst stelle ich mich vor Hermann.

Ingomar. Thu's! Ich bedarf Deiner nicht! (Zu dem Träger.) Geh. (Zu Brenno.) Gehab dich wohl.

Arpe. Gehab dich wohl, Brenno.

Gambriv. Macht dich das Schrecken stumm?

Brenno. Verstummt etwa das Schrecken allein? der Zorn nicht auch? Doch, jetzt fürchte ich die Römer!

Malwend. (Sein Adler wird ihm nachgetragen.) Lebe wohl, Brenno!

Brenno. Ach; du gehest auch mit dahin, Malwend!

Katwald. Brenno!

Brenno. Du bleibst gewiß bei Hermann. (Nachdem sie weg sind.) Menschenschicksal, was bist du doch! An welchem dünnen Haar hängst du oft!

---

## Dreizehnte Scene.

**Brenno. Istäwona. Herminone. Libusch.**

Istäwona. Hier sollen wir seyn? Sind wir denn hier sicherer, als in der Wagenburg bei Bercennis?

Libusch. Das sind wir Fürstinnen. Das Gesträuch hier herum geht ganz bis zum Fuße des Hügels hinab. Unten ist ein Verhau, und (der Kriegsgefährt hat mir's gesagt) zwischen Busch und Verhau wimmelt's von Katten. Der schmale Eingang, durch den wir gekommen sind, ist der einzige, und dort haben wir manchen Blutring gesehen.

Istäwona. Ja, Das haben wir.

Herminone. Und doch sind wir hier nicht sicherer. Denn Bercennis kann eher fliehn als wir. Hermann rieth den Sturm nicht und ordnet ihn nicht.

Istäwona. Cheruskerin! ist denn dein Vater nicht der erste der Feldherrn, und ob es gleich Ingomar zu seyn scheint?

Herminone. Wenn du so redest, so schweig' ich.

Brenno. Libusch, dein Blick ist scharf; tritt hin, wo du das Lager am Besten sehen kannst.

Libusch. Ich gehe.

Brenno. Was siehst du?

Libusch. Wir rücken von allen Seiten entschlossen an. Im Lager der Römer ist Alles still, nur einzelne Wachen irren auf dem Wall ängstlich umher.

Brenno. Ist es schon Tag?

Libusch. Noch nicht, aber es dämmert schon recht hell. Ich weiß nicht, schauert der Morgen zu kalt, oder ist mir sonst so sonderbar zu Muthe?

Istäwona. Du siehst auch weit. Gehe auch hin.

Herminone. Ich? Vermuthlich, um den grosen Cherusker fallen zu sehn, oder gar meinen Vater?

Istäwona. Dieß wendest du vor. Sage, was es ist, wovor du dich fürchtest?

Herminone. Nicht vor den Romulus und Remus auf den Helmen; aber davor, ich fahre fort vorzuwenden, daß nur wenige Römer da so mit Aengstlichkeit auf dem Wall herumirren. Ach, wie nah ist das Alles! wie nah dieser leise Todesschritt! (Es scheint, als ob sie hinhorche.)

Brenno. Ist dir Das üble Vorbedeutung?

Herminone. Vorbedeutung? Weiß ich es etwa nicht von Katwald, daß es Hermann Alles so vorhergesagt hat?

Brenno. Was siehst du, Libusch?

Libusch. Wir füllen die Graben.

Brenno. Und im Lager der Römer?

Libusch. Wird es noch stiller.

Brenno. Führe mich zu Hermanns Stein. Dort will ich sterben.

Istäwona. Ja, wenn selbst Brenno erschrocken ist . . .

Brenno. Muß ich denn erschrocken seyn, weil ich sterben will? Führe mich, Libusch!

Herminone. Ich will dich führen.

Brenno. Gute Kattin! Wenn du nur entrinnst! Doch der Gram wird dich früh genung tödten.

Istäwona. Libusch?

Libusch. Wir fangen an überall hinaufsteigen, ja überall hinaufsteigen zu wollen: aber nun sind alle Römer von dem Walle weg, und Alles regt sich in dem Lager auf eine ganz besondere Art.

Herminone. Nun, meine Mutter, hörst du das Rasseln des hohen schimmernden Wagens noch nicht?

Iskäwona. Muß ich's dir denn noch ein Mal sagen, daß Arpe Feldherr ist?

Libusch. Ach, des schnellen lauten Schmetterns! Weh' mir! des wüthenden Schmetterns von allen Hörnern der Legionen her. Weh mir! sie stürzen aus allen Thoren heraus; lauter Lanze und Schwert und Flammenblick!

Herminone. Hörst du es nun, des Wagens Rasseln? nun, nun, meine Mutter? hörst du es? hörst du es, meine Mutter?

Iskäwona. Ach! ich mag nicht mehr fragen!

Libusch. Und ich nicht mehr antworten! (Er wendet sich weg.)

Iskäwona. Tritt herum, Libusch! Verlaß uns nicht, Libusch!

Brenno. Es ist also geschehn?

Herminone. Das, ihr himmlischen Mächte, Thor und Wodan! und du, o Tanfana, deß Tempel durch sie in seine Asche sank, Das also, nach Teutoburgs Schlacht?

Brenno. Siehst du Hermann?

Libusch. Ich seh ihn nicht.

Brenno. Siehst du Arpe?

Libusch. Ich seh ihn nicht.

Brenno. Fürstinnen, heitert euch auf!

Herminone. Ich bin recht heiter, Brenno.

Brenno. Nun kann es noch gut endigen! Sie zogen sich vielleicht in einen Hinterhalt zurück, um daraus, zu ihrer Zeit, hervorzubrechen.

Libusch. Gambriv muß von der Dekuman weg. Es wird immer blutiger um ihn her. Er wüthet umsonst und er ist so ungeberdig dabei. Ich weiß nicht, wie mir ist.

Die Lache der Verzweiflung und des Spottes wandelt mich zugleich an!

Brenno. Und Ingomar?

Libusch. Ist vorn. Der Greis wagt sein Leben sehr. Ach, jetzt sinket er von einer Wunde hin, aber seine Kriegsgefährten dringen vor. Jetzt ziehen sie ihm den Wurfspieß aus der Seite.

Herminone. Siehst du Hermann noch nicht?

Libusch. Nein. Aber Katwald fliegt überall umher, und muntert auf! und führt an! So sah ich noch Keinen das Roß sprengen. Welch ein kühner Jüngling! Nein, nein, ich kann nicht mehr hinsehn. Es wird überall zu blutig! Sie tödten sogar Barden, so wüthend sind sie! Auch die Wagenburg fängt an zu fliehn. Ich seh, ich seh ihr fürchterliches Geschrei! Ich halte es nicht mehr aus!

(Er geht weg und sinkt an einen Stein.)

Ißäwona (nach langem Stillschweigen). Was hören wir dort unten am Eingange für ein Seufzen?

Herminone. Vielleicht von einem unsrer Katten, der sich aus Verzweiflung tödtet, weil er uns nicht retten kann.

---

## Vierzehnte Scene.

### Ingomar. Die Vorigen.

Ingomar (indem er herausgeführt wird). Laßt mich nur hinsinken. Ich kann doch nicht stehn, wenn ihr mich auch haltet.

Brenno. Hier ist die Stelle deines bösen Rathschlags und hier blutest du!

Ingomar. Laß mich! Ha der Schmerz! Unten, wo ich schlug, da blutete ich zuerst.

Brenno. Um hier fortzubluten, hier an dieser Wunde, oder an einer neuen zu sterben, oder gefesselt zu werden.

Ingomar. Du peinigest einen Leidenden!

Brenno. Und mich der Gedanke, daß unser Heer zum Tode hingeführt ward, und daß jetzo so viele seiner Scharen in Blute .. Das sind mehr Leidende!

Ingomar. Gib mir Heilungskräuter.

Brenno. Ich habe keine Heilungskräuter. Die gäbe ich dir.

Ingomar. Ich will keine Heilungskräuter von dir!

Brenno. Und ich gäbe sie dir, hätte ich sie: aber ich fluchte dir dennoch, daß du dein Vaterland einer zweiten Teutoburgschlacht beraubt hast, und daß du, denn du hast noch mehr gethan, so schwer es auch scheint noch mehr thun zu können, daß du uns an einen Abgrund gebracht hast, wo dieser Germanicus .. Doch ich mag in das blutige Schauspiel nicht hinblicken, das er nun spielen wird.

Ingomar. Laß du die Fürsten wegen seiner Spiele sorgen.

Brenno. O, läget ihr, du, Arpe und Gambriv und schlummertet und hättet ausgesorgt, damit Hermann wieder allein sorgen könnte. Er wußte es und er weiß es, was es ist mit den Römern schlagen. Er nur hat die rechte, laute, volle Stimme, den Untergang über sie herbei zu rufen, und nicht ihr!

Ingomar. Du urtheilst nach dem Ausgange.

Brenno. Nach Ausgängen urtheile ich; nach einem —

Ißläwona. Auf, Libusch, auf! tritt wieder hin!

Brenno. Nach einem, wie ihr ihn einst zu Drusus Zeit; und nach einem, wie ihr ihn euch jetzt zubereitet habt; nach solchen Ausgängen!

Ingomar. Wenn du mich traurig machen könntest; so würde ich es jetzt.

Brenno. Und du kannst nicht einmal trauern, daß du deinem Vaterlande der Dolche zu Tausenden ins Herz stößest? Ich bin alt, und ich habe viel Elend gesehn: aber keines gleicht dem, wenn böser, gewarnter Rath, der das Heil Aller angeht, wenn der obsiegt, und die böse Folge gleich dicht an der Ferse hat.

Ingomar. Ach, meine Wunde! meine heiße Wunde hier!

Herminone. Und meine heißre hier! (Sie weißt auf ihr Herz.) Denn vor dem Triumphwagen werd' ich wie eine Blume hindorren! Mir wird die Espe über dem vaterländischen Grabhügel nicht wehn. In ein kleines Todtengeschirr werden sie meine Asche schütten, und es neben ihre stellen! O, tröffe deine Wunde da, du ehrsüchtiger Herrscher, tröffe sie von Todesblute!

Brenno. Ist Libusch wieder hingetreten?

Istäwona. Nein.

Brenno. Ermanne dich, Libusch. Es tröstet die Fürstinnen doch ein Wenig, wenn sie nur wissen, wie es geht.

Libusch. Ich kann nicht. Ich mag die Barden nicht tödten sehn.

Herminone. Ja, von Todesblute, Ingomar!

Ingomar. Das kann eine junge Fürstin sagen?

Herminone (indem sie sich ihm mehr naht). Das kann sagen, und Das sagt ein junges, gutes, unschuldiges, stolzes Mädchen, eine Kattin, wie Wenige sind, und die du, Cherusker, und du allein elend gemacht hast! Aber sie sagt noch mehr: Genese von deiner Wunde, damit du auch vor dem Triumphwagen, und dichter als sie, an dem Cäsar gehn könnest!

Und spät erst nehme dich das Todtengeschirr auf, daß du lang ein Sklav seyst!

Ingomar. Was gehn dich Schlacht und Triumph an?

Herminone. Und was dich große Thaten, da du gerathschlagt hast, wie du gerathschlagt hast?

Ingomar. Habt ihr sie mir zur Walküre gesandt, ihr Götter, die in dem Zweikampfe für die Waldschlacht entschieden?

Herminone. Hat er nicht Heer nur und Vaterland beleidigt? auch die Götter? Hast du Das, so sey ruhig. Du wirst genesen! Hela sendet keine Walküren.

Ißäwona. Hör' auf, hör' auf, Herminone!

Brenno. Laß sie glühn. Sie ist gerecht.

Herminone. Das auch liegt auf ihm, daß vielleicht jetzt die Götter zu Hermann und zu meinem Vater und zu Katwald die wirklichen Walküren senden! Es wird mir Nacht vor dem Blicke, als stünde ich an einer Felskluft. Die Göttinnen schweben, schweben, treten mit ehernem Schritt, schweben wieder, wandeln wieder, wandeln wieder! Ach!

Ingomar. Hört sie die Walküren wandeln?

Herminone. Zu dir nicht!

Ißäwona. Was siehst du denn immer so nach deinem Köcher?

Herminone. Glückliches Reh, das bald blutet, wenn es die Jäger umzingelt haben, und nicht wilden Knaben zum Spiel ins Gehege getrieben wird.

Ißäwona. Wirf den Köcher weg!

Herminone. Meinen lieben Köcher, den mir die gefangenen Fabier machen mußten, und an dem ihre Bräute die gefesselten Fürstinnen der Katten erkennen sollen?

Ißäwona. Ich gebiete dir, wirf ihn weg!

**Herminone** (sie nimmt ihn ab, streuet die Pfeile um sich her, läßt den Köcher hinsinken und setzt sich unter den Pfeiler nieder). Du (sie weist auf die Pfeile), oder du, oder auch du.

**Istäwona.** Was sagst du?

**Herminone.** Ich sagte nur, dieser Pfeil, oder der, oder jener hätte Wild zum Siegsmahle gefällt, wenn die Fürsten heut nicht weiser und klüger gewesen wären, als Hermann: und nun sag' ich, daß mich die Römerinnen wegen der vielen Fragen dauern, die sie erst thun müssen, eh sie erfahren, wer denn die *eine* Fürstin in der goldnen Fessel sey. Ha! in der Fessel, meine Mutter! (Sie nimmt einen Pfeil auf, besieht ihn und hält ihn gegen die Brust). Senke dich, senke dich, blanker Pfeil! Herminone zögert, und hat nicht sterben gelernt?

**Istäwona** (sie reißt ihr den Pfeil weg). Libusch, die andern weg, schnell die andern auch weg!

(Er sammelt sie und wirft sie in's Gesträuch.)

**Herminone** (steht auf). Meine Mutter, du weißt doch, daß die Triumphfesseln starke Fesseln sind? Die kannst du mir nicht nehmen; aber ich kann diese Stirn damit zerschmettern! Ha! die vier hohen Rosse mit der fliegenden Mähne, und die gen Himmel wiehern! und hinter ihnen der stolze, fürchterliche Wagen, und hoch oben auf dem Wagen der Cäsar mit dem Lorbeer (tauml' ihn herunter, Wodan)! und um und um, unter Blumen und Opferdampf, in und vor und auf den Palästen, den Tempeln, die Römerinnen! Und Wen sehen sie? auf Wen heften sie die Blicke des tödtenden Stolzes? Auf meine arme Mutter Istäwona! auf ihre arme Tochter Herminone! (Libusch tritt wieder an seine Stelle) und ach auf Thusnelda selbst! Auf euch auch, Diener der Götter, Libusch! Brenno!

Brenno. Auf mich nicht.

Libusch. Malwend und Arpe und Hermann. Sie dringen etwas vor. Hermann arbeitet sich mit wenigen Hunderten durch. Nach uns her kommt er. Nein! (er geht weg) ich mag den Befreier des Vaterlandes nicht fallen sehen.

Brenno. Ward Hermann verwundet?

Libusch. Ich weiß es nicht. Es wurde mir wie Nacht vor dem Auge, da ich ihn, zuletzt nur mit seinen Kriegsgefährten, auf die blutigen Schwerter zusprengen sah.

---

## Fünfzehnte Scene.

**Die Vorigen. Katwald. Horst. Zwei Kriegsgefährten.**

Katwald. Kommt, kommt! eilt, Brenno, Fürstinnen! Hermann kann da (hebt Ingomar auf) da, wo er ist, nicht lange seyn, und zu ihm müssen wir hin. Komm, Brenno!

Brenno. Ich bleibe hier.

Horst. Brenno, komm! Hermann fleht dir durch mich, theurer, bester Mann.

Katwald (indem Theude herauskommt). All' ihr Götter in Walhalla! wo kommst du her? Ach, meines Hermanns Kind in dieser schrecklichen Todesgefahr! Was soll ich thun? Er muß durch, ihr guten Götter in Walhalla! Den Schild weg, so kommst du besser durch. (Er reißt ihm den Schild weg und wirft ihn hin.) Dicht hinter mir, Fürstinnen, dicht hinter mir mit Theude! (Er hilft Denen, die Ingomarn aufrichten.)

Theude. Meine ersten Waffen wirfst du mir weg! Ohne Schild? Ich will nicht ohne Schild seyn! (Er nimmt ihn wieder auf.) Hinter mir, Herminone! Brenno, Brenno! Siegmars Freund!

(Er faßt Brenno's Hand und will ihn mit sich fort haben.)

**Brenno** (indem sie wegeilen). Ein so guter Knabe, und Siegmars Enkel. Bitterer Abschied! Nur nicht meinen Weg, guter Knabe!

**Katwald** (sein Rufen wird gehört). Katten! herbei vom Verhau! Herbei, eure Fürstinnen! herbei Katten! Hermanns Sohn dem Tode nah! Herbei! auf den Tribun zu! Folgt Horst! Mit den Blutringen an den Schild geklirrt! Jünglinge mit den ersten Waffen, auf den Tribun zu! Hermanns Sohn dem Tode nah!

**Brenno.** Du lieber guter Katwald! Nun stirbt er gar eher als ich. Denn er opfert sich gewiß für das Kind seines Freundes hin!

**Eine andere und entferntere Stimme.** Hermann schlug fort! Der Tribun ist todt! Sie sind durch!

---

## Sechzehnte Scene.

### Brenno. Ein Centurio. Einige Römer.

(Sie werfen die mitgebrachten Fesseln hin.)

**Der Centurio.** Du bist allein hier. Gib Rechenschaft Druide, wo sie hin sind die Fürstinnen der Katten und ihr Druide und der alte Feldherr.

**Brenno.** Die Unsrigen haben sie gerettet.

**Der Centurio.** Das kann nicht seyn. Wir schlugen euch gleich wieder von dem Hügel weg.

Brenno. Die Retter waren schnell.

Der Centurio. Sag, ob sie hier wo im Busche sind oder stirb!

Brenno. Eins bitte ich dich: Mache es so, daß ich nicht lange sterbe. Hier bin ich. (Er steht auf.)

Der Centurio (zu einem seines Gefolges, indem er mit den andern in den Busch eilt). Legt ihm die Fessel an.

Der Römer. Reiche mir deine Hand, daß ich dich nicht quäle.

Brenno. Da hast du sie.

Der Römer. Alter Mann, du dauerst mich. Nein, ich kann nicht! (Er wirft die Fessel vor ihm hin.)

Brenno. Ich sehe, daß du dich auch dauerst. Reich mir einen Labetrunk.

Der Römer. Ich habe keinen und weiß auch keinen Quell. Zudem so tödten sie mich, wenn ich mit Wasser wiederkomme und du ungefesselt bist.

Brenno. So fessle mich denn.

Der Römer. Ich kann nicht, ich kann nicht! Ich bin ein Deutscher. (Er eilt fort.)

Brenno. Nun, Siegmar, bald, bald! Wie mag es jetzt Hermann gehn? Ja bald, Siegmar! Mich däucht, ich fühle, daß es stark thauet. Wo ist denn das Gesträuch? (Er fühlt hinter sich herum.) Ach, des Durstes! Fände ich nur Laub, so söge ich daran.

Der Centurio (indem er zurückkömmt). Wo sind sie, wo sind sie, Druide? Wo ist der verwundete Feldherr? Den konnten sie in der Eil doch gewiß nicht mit fortbringen. Trugen sie ihn nach dem Gesträuch?

Brenno. Weiß ich es? Ich bin ja blind.

Der Centurio. Sag es oder stirb!

Brenno. Darauf hab' ich schon geantwortet. Vorher noch einen Trunk, Römer.

Der Centurio. Schöpfet ihm. (Sie fesseln ihn. Hierauf wird Wasser in einem Helme gebracht.)

Brenno (nachdem er zweimal getrunken hat). Das labte!

Der Centurio. Sagst du es noch nicht? Willst du denn sterben?

Brenno. Was drohst du noch immer mit dem Tode? Tödte oder schweig!

Der Centurio. Führt ihn fort, aber sanft. Dieser Barbar ist mir ehrwürdig. Weißt du etwas von Valerius, den ihr gestern gefangen nahmt?

Brenno. Er ist todt.

Der Centurio. Ach, es war mein Bruder! Habt ihr ihn ermordet?

Brenno. Wir ermorden nicht. Wir fragten durch einen Zweikampf die Götter.

Der Centurio. Wonach?

Brenno. Ob wir euch im Walde erwarten sollten?

Der Centurio (für sich). Weise Götter! Hätten sie euch gehorcht, so wären wir nicht hier. (Zu Brenno.) Wer tödtete meinen Bruder?

Brenno. Fürst Katwald. Aber du kennest ihn nicht.

Der Centurio. Ach, ich kenne ihn! Der hat kurz zuvor eh' ich kam, auch meinen andern Bruder, den Tribun, getödtet. Nun bin ich allein! (Für sich.) Es ist ein furchtbares Volk!

Brenno. (Er bebt, indem er spricht, die Hand oft mit der klirrenden Kette.) Römerjüngling! höre noch ein Wort von einem Greise, dem es dicht bei deiner Lanze gleichgültig war, wie du es mit Tode oder Leben machen würdest; höre des alten deutschen Druiden Wort, und du und deiner Enkel Ursöhne erfahrt ihr es durch Erfahrung, jetzt aber sag' es Cäcina und Germanicus: Besiegen könnt ihr uns, aber nie sollt ihr Deutschland erobern.

# Anmerkungen zu Hermann und die Fürsten.

Seite 141 „wieder Quellen in's Schlachtthal. . .“ Die Deutschen leiteten alles Wasser der umliegenden Anhöhen in die Tiefe; dadurch wurde, was vom Lager fertig war, überschwemmt und dem Soldaten die Arbeit verdoppelt. Tac.

S. 142. „Die Fürsten rathschlagen und beschließen. . .“ Ingomar ging (einige Zeit nach diesem Treffen) zu Marbot über, aus keiner andern Ursache, als weil er sein Alter zu entehren glaubte, wenn er seines Bruders Sohne, dem Jünglinge, gehorchte. Tac.

S. 147 „dein Lied von unsern beiden Siegstagen . . .“ Indem die Barbaren, bei festlichen Mahlen, bald mit frohem Gesang und bald mit drohendem Kriegsgeschrei die Thäler unter sich und die wiederhallenden Berge erfüllten. Tac.

S. 147 „mit Romulus Volk in seiner Mannheit...“ Hermann griff nicht, wie andere Könige und Feldherrn, die beginnende Macht des römischen Volkes an, sondern unser Reich in seiner vollen Größe. Tac.

S. 150 „wir waren schon da...“ Hermann kannte die Richtwege, sein Heer war schnell, und so kam er den mit Waffen und Gepäck beladenen Römern zuvor. Tac.

S. 151. „Cäcina sank sein Roß . . . nah des Heeres Göttern . . . Bei den Adlern ging es sehr blutig her. Cäcina wurde sein Pferd erstochen, er fiel mit demselben und wäre umzingelt worden, wenn nicht die erste Legion . . Tac.

S. 154. „Wenn ihr der Sklaven mehr..“ Der Deutsche war nicht weniger unruhig; Hoffnung und Verlangen entflammten ihn; die Feldherrn stritten. Hermann rieth: Man müßte den Feind aus dem Lager lassen; und, wenn er heraus und zwischen Sumpf und Gesträuch wäre, ihn wieder umringen. Gewagter war, was Ingomar rieth und den Barbaren desto willkommner: Sie sollten das Lager einschließen; die Wegnahme würde leicht, die Zahl der Gefangenen größer und die Beute unversehrt seyn. Tac.

S. 160. „In der Dekuman ...“ Das Hinterthor des Lagers und zugleich das größte unter den übrigen.

S. 163. „Garm die Seele eines Friedfertigen ...“ Hela's Hund. In dem dunkeln Abgrunde dieser Göttin sind die Seelen Derer, die aus Feigheit den Tod der Schlacht vermieden haben.

S. 164. „Bolers Aurelius ...“ Boler, der Heerführer der Teutonen, tödtete diesen gefangenen Consul, weil er zu stolz sprach.

S. 164. „Tenchterer bei mir? ...“ Die Reiterei der Tenchterer ist eben so vortrefflich, als das Fußvolk der Katten. Tac.

S. 172 „nichts als Varus gedacht haben ...“ Eine sehr gegründete, und wäre Hermann mit seinem Rathe durchgedrungen, gewiß erfüllte Hoffnung. Eine der Ursachen von der großen Wahrscheinlichkeit dieses Ausgangs ist, daß auch die Römer nichts als Varus dachten. Tacitus sagt: Die Römer (schon in der ersten Nacht) ließen ihr Feuer ausgehen, sprachen fast nicht, lagen hier und da wo am Wall, irrten zwischen den Zelten herum, mehr schlaflos als wachsam. Den Feldherrn schreckte ein fürchterlicher Traum. (Cäcina wußte, daß er sich umsonst bestreben würde, ihnen den Gedanken an Varus auszureden; er erdichtete also, um ihm wenigstens etwas von seiner Wirkung zu benehmen, einen Traum guter Vorbedeutung.) Er sah Quinctilius Varus, mit Blute bedeckt, aus einem Sumpf herauskommen und hörte, als ob er ihn zu sich riefe; aber er gehorchte nicht und stieß die dargereichte Hand von sich weg.

Und in der zweiten Nacht: Sie hatten weder Zeit noch etwas zur Heilung der Verwundeten, und, indem sie sich ihr mit Schlamm und Blut besudeltes Brod reichten, wehklagten sie über die grauenvolle Finsterniß, und daß so vielen tausend Menschen nur noch ein Lebenstag übrig sey. Ein Pferd hatte sich losgerissen und durch Rufen scheu gemacht, rannte es einige um, die ihm in den Weg kamen. Hierdurch entstand ein solches Schrecken und man glaubte so gewiß, die Deutschen wären eingedrungen, daß alle den Thoren zustürzten, vornämlich der Dekuman, die entfernter vom Feinde und sicherer für die Fliehenden war. Da Cäcina sah, daß sie sich Dieß nur aus Angst einbildeten, und er doch weder durch

Ansehn, noch durch Bitten, auch selbst nicht durch Gewalt widerstehn, noch den Soldaten zurückhalten konnte: so warf er sich auf die Schwelle des Thors und da erst verschloß er ihnen den Weg durch Mitleid, weil sie nun über ihren Feldherrn gehen mußten.

S. 173. „Dem gleichen Neide gegen Germanicus..." Germanicus säumte nun nicht länger, Deutschland zu verlassen, ob er gleich wußte, daß es Alles nur vorgewendet und er aus Neide der schon erlangten Ehre entrissen würde.

S. 174 „aber der Triumphwagen..." Zwei Fürstinnen der Katten, Arpens Frau und Tochter, wurden nebst einem kattischen Druiden (und noch verschiedenen andern) in Germanicus Triumphe aufgeführt. Strab. Dieser nennt den Druiden Λιβυς (Libüs), die Fürstinnen nennt er nicht. Die ihnen von mir gegebenen Namen sind deutsche.

S. 194 „ihr Antlitz gewendet die Siegesgöttin..." Eine Bildsäule der Siegesgöttin in Deutschland, die nach dem Lande des Feindes hinsah, wandte sich gegen Italien. Doch die ganze Stelle verdient angeführt zu werden: Dieses große und unerwartete Leiden schien Augustus nicht ohne den Zorn eines Gottes über ihn gekommen zu seyn, und außer Dem eröffneten ihm die Zeichen vor und nach der Niederlage furchtbare Aussichten in Das, was die Götter über ihn beschlossen hätten. Der Blitz traf den Tempel des Mars, der auf seinem Platze steht. Ein großer Zug Heuschrecken kam bis nach Rom und wurde von Schwalben vertilgt. Alpengipfel schienen zusammen zu fallen und drei Feuersäulen aus ihren Trümmern zu steigen. Es war oft, als ob der Himmel brennte, und viele Kometen erschienen zugleich. Man sah von Norden her Lanzen in die Lager der Römer fallen, und Bienen senkten ihre Schwärme auf Altäre. Eine Bildsäule der Siegesgöttin in Deutschland, die nach dem Lande des Feindes hinsah, wandte sich gegen Italien. Auch entstand einst in einem Lager unter den Soldaten ein blindes Kämpfen und Streiten bei den Adlern, als ob sie die Barbaren überfallen hätten. Dio Cass. Wie groß muß das Schrecken seyn, in dem man solche Zeichen theils für glaublich und theils für anwendbar hält.

S. 202. „Hermann die beiden ersten Tage manchmal allein schlagen..." Ueber Das nahm (am dritten Tage) ihre Zahl immer zu, indem man nun auch Die, welche sich vorher nur behutsam genähert hatten, in dichten Haufen herbei kamen und die geschwächten Römer, deren Verlust in den vorigen Angriffen nicht klein gewesen war, desto leichter umringten und tödteten. Dio Cass.

S. 213. „Die sanfte Hlyna... Die Göttin der Freundschaft.

S. 217. „Der Zweikampf soll es seyn..." Sie lassen einen Gefangenen der Feinde mit einem der ihrigen, jeden mit seinen Waffen kämpfen. Der Sieg des Einen, oder des Andern ist ihnen Vorbedeutung. Tac.

S. 217 „die Rosse, oder die Lose..." Es war ein doppelter Ausspruch der Götter nöthig. Tac.

S. 224 „eures Bundes Verbündete..." Die Zwillingsbrüder Alzes waren Götter der Freundschaft und des Friedens.

S. 225. „Fehmgöttinnen..." Fehm bedeutet auch einen schnellen schreckenden Ueberfall. Man kennt die Fehmrichter, oder Fehmer Karls des Großen.

S. 236. „Augustus nach der Niederlage bei Teutoburg fürchtete..." Aus Schrecken vor den Deutschen, das so groß war, daß er glaubte, sie würden nach Italien und selbst nach Rom kommen. Dio Cass. Die Feinde, welche mit einem cimbrischen und teutonischen Kriege Italien bedrohten. Vell.

S. 238 „nur einzelne Wachen irren auf dem Walle ängstlich umher..." Tac.

S. 242. „des schnellen lauten Schmetterns..." Tac.

S. 243. „Ingomar sinkt von einer Wunde hin..." Tac.

S. 246. „zur Walküre gesandt..." Die Walküren (Todtenwählerinnen) waren selbst den Tapfern bei gewissen Gelegenheiten nicht willkommen, am Wenigsten, wenn die Schlacht verloren wurde.

S. 247. „Ha! die vier hohen Rosse..." Den Triumph, in welchem die einige Zeit nach dieser Schlacht gefangen genommene Herminone nebst Thusnelda aufgeführt wurde, beschreibt Tacitus so: Germanicus triumphirte wegen der Cherusker, Katten, Angrivaren und was sonst noch für Völker bis zur Elbe hin wohnen. Aufgeführt wurden

Beute, Gefangene, Abbildungen der Berge, Ströme und Schlachten. Der Krieg ward als geendiget angesehen, weil er ihn nicht hatte endigen dürfen. Die Schönheit des Anblicks vermehrte die edle Gestalt des Cäsars, und daß ihn auf dem Triumphwagen seine fünf Kinder umgaben.

---

# Anmerkungen zu Salomo.

Ich habe Viele kennen gelernt, von denen ich geglaubt hatte, daß sie belesener in der Schrift wären, als ich sie nachher gefunden habe. Dieß ist die Veranlassung zu folgenden wenigen Anmerkungen.

## Heman. Chalkol. Darda.

Die Bibel nennet vier Dichter mit einem sehr unterscheidenden Ruhme. Salomo, sagt sie, war weiser, als alle Morgenländer und sogar als die Aegypter. Er übertraf alle Menschen seiner Zeit an Weisheit, und auch die Dichter Ethan, Heman, Chalchol und Darda. Im Ersten der Könige 4, 30. 31.

## Sarja.

Asarja, Nathans Sohn, hatte Salomo über seine Amtleute gesetzt. Im Ersten der Könige 4, 5.

## Moloch. Chamos.

Man wird die Wirkungen der gefallenen Geister bei dem Götzendienste nicht leugnen wollen, wenn man sich erinnert, was Paulus davon sagt. Die Heiden, sagt er, opfern was sie opfern, den Teufeln und nicht Gott. In der Ersten an die Korinth. 10, 20. Viele haben, ohne ihr Wissen, gute Engel beherbergt, an die Ebräer 13, 2, und da sich die Bösen in Engel des Lichts verstellen dürfen; so dürfen sie sich vielleicht auch in Menschen verstellen. Da die Morgenländer überhaupt sehr zum Enthusiasmus geneigt sind, so konnten auch damals schon Einsiedler seyn, die sich dem Moloch gewidmet hatten.

2. Handlung. 1. Auftritt.

Auf seines Tempels
Altär' herunterflammen.

Es fiel Feuer vom Himmel und verzehrte die Opfer. Die Herrlichkeit Gottes erfüllte das Haus. Das ganze Volk fiel auf's Antlitz. Im zweiten der Chron. 7, 1. 2. 3.

Meint ihr denn, der Verderber,
Der siebzig Tausend schlug.

Diese sehr merkwürdige Begebenheit steht im Zweiten Samuels 24, 15. im Ersten der Chron. 22.

2. Auftritt.

Ein Mann aus Ephrata, dein Feind.

Dieser Anfang der Geschichte Jerobeams und seine Flucht nach Aegypten steht im Ersten der Könige 11, 26 bis 41.

Entreißen wird der Herr . .

Im ersten der Könige 11, 11 und 31.

3. Handlung. 1. Auftritt.

Das fürchterliche Wetter Gottes von Ebal.

Moses gebot, wenn Israel über den Jordan gegangen seyn würde, so sollten Einige aus andern sechs Stämmen auf den Berg Grisim treten und das Volk segnen; und wieder Einige aus den sechs Stämmen auf Ebal und den Fluch aussprechen, der die Uebertreter des Gesetzes treffen würde. Im fünften Buch Moses 23, 12. 13.

8. Auftritt.

Jonathan, ach du eilst von mir weg.

Im Zweiten Samuels 1, 19 bis zu Ende.

5. Handlung. 6. Auftritt.

Dich, mein Sohn, Jedidja nannte.

Im Zweiten Samuels 12, 25.

8. Auftritt.

Den Hadad und den Reson ohne Krieg
Zurückzuhalten.

Im Ersten der Könige 11, 14 bis 26.

## 12. Auftritt.

**Schwieg denn David jemals Gott?**

David hat oft gefragt und Gott hat ihm allezeit geantwortet. Z. E. zwei Mal hinter einander. Im Ersten Samuels 23, 2. 4.

**Nur Saul und mir!**

Im Ersten Samuels 28, 6.

**War ich von meiner Kindheit an dem Herrn
Nicht lieb?**

Im Zweiten Samuels 12, 24.

**ward
Ich früh zum Könige nicht von ihm erwählt?**

Im Ersten der Chron. 23, 9.

**Wie aus Isais Söhnen David, ich?**

Im Ersten der Chron. 29, 4. 5.

**Den Salomo, nicht David, bauen durfte.**

Im Ersten der Chron. 29, 3.

**ihm, durch mich,
Verheißen hat.**

Im Zweiten Sam. 7, 12 bis 16. Dieß wird im Ersten der Chron. 18, 11 bis 14 wiederholt und ist der Hauptgrund, warum man glauben kann, Salomo habe sich wieder zu Gott gewendet. Die andern Gründe liegen in dem Character desselben, den er vor seinem Falle zeigte und in den sehr unterscheidenden Gnaden, die er von Gott empfangen hatte. Diese konnten unmöglich ihre Wirkungen ganz bei ihm verlieren. Dazu kömmt noch, daß er sehr wahrscheinlich den Prediger in seinem Alter geschrieben hat. Und dieser zeigt uns einen Mann, der aller Eitelkeiten der Welt nicht allein müde ist, sondern sie auch verwirft. Fürchte Gott, schließt er, und halte seine Gebote. Denn Das gehört allen Menschen zu. Man könnte noch hinzusetzen, daß Salomo's Rückkehr in den verlornen Schriften des Propheten Nathan, Ahia und Jeddi vielleicht erwähnt worden sey, weil sich die Bibel darauf beziehet, daß in diesen noch mehr von Salomo gesagt werde.

**Die Götzenbilder und Altäre zerschmettern?**

Der angeführte Grund, warum er sie stehn läßt, ist mir als der einzige vorgekommen, den er hat haben können, und zugleich stark genug, daß man den Umstand, daß er die Bilder hat stehn lassen, nicht als einen unwiderleglichen Grund gegen seine Rückkehr geltend machen könnte, wenn auch jene Stelle nicht wäre, die ich als entscheidend angeführt habe. Denn auch Hiskias ließ diese Höhen Salomo's und erst Josias schaffte sie weg; (im Zweiten der Könige 22, 13.) Hiskias, der ein so großes Zeugniß für sich hat und der kühn genug war, die eherne Schlange Moses, Nehusthan, wegzuthun. Es war also kein Beweis einer fortdauernden Abgötterei, daß die Bilder blieben; es war zureichend, daß dabei nicht mehr geopfert wurde.

## Verläßt du ihn, so wird er dich verwerfen!

Im Ersten der Chron. 29, 19. Es ist hierbei hauptsächlich anzumerken, daß David Dieß nicht als eine Offenbarung von Gott, sondern, daß er es für sich selbst sagt.

FSC
www.fsc.org
MIX
Papier | Fördert gute Waldnutzung
FSC® C083411

Kolibri 360 GmbH
Ferdinand-Jühlke-Straße 7
99095 Erfurt, Deutschland
produktsicherheit@kolibri360.de